Processingではじめる
ビジュアル・デザイン入門

直感と論理をきたえるプログラミング

三井和男

彰国社

デザイン　水野哲也（watermark）
イラスト　石橋文花

はじめに ──────────────────────── 三井和男

　プログラミング教育が注目されています。なぜでしょうか。人工知能、いわゆるAIの導入も本格化が進み、ますますIT技術者への注目が集まるようになっているのでしょう。AIに仕事を奪われるという不安もある一方で、プログラミング技術者は将来有望な職種と見られているからかもしれません。経済産業省のIT人材の最新動向と将来推計に関する調査によると、WebエンジニアをはじめとするIT人材は2030年には最大約79万人が不足すると予測されています。しかも、これは日本だけではなく世界的な動向です。このような事情から、小学校でのプログラミング教育必修化もはじまっています。しかし、ここで注意しなければならないのは、「プログラミング教育」とは単にプログラミング言語を覚えさせようとか、コーディングができるようにさせようとか、プログラミング技術者を育てようとかいう取り組みだけではないということです。ましてや、パソコンを使うスキルを身につけるためのものではありません。

　プログラミング教育は、「プログラミング的思考」を養うために必修化されたのです。新学習指導要領の中で文部科学省は、プログラミング的思考を「自分が意図する一連の活動を実現するために、どのような動きの組合せが必要であり、一つ一つの動きに対応した記号を、どのように組み合わせたらいいのか、記号の組合せをどのように改善していけば、より意図した活動に近づくのか、といったことを論理的に考えていく力」としています。つまり、順序立てて考え、試行錯誤し、ものごとを解決する力を養うために導入されたととらえることができるのです。プログラミング教育は「論理的に考える力」を養う一つの方法なのです。

　一方、AIの急速な普及だけでなく、激しい気候変動や新型コロナウイルス感染症の蔓延などによってわれわれを取り巻く世界は混沌とした時代に突入しています。価値観や社会のしくみなどが猛烈なスピードで

変化しているのです。Volatility（変動性）、Uncertainty（不確実性）、Complexity（複雑性）、Ambiguity（あいまい性）の頭文字からVUCAの時代とも呼ばれています。そして、このような時代を生き抜くために子どもたちが身に付けなければならないのは、前述の「プログラミング的思考」ともう一つは「デザイン思考」だといわれています。デザイン思考は、元々「ものづくり」の思考方法です。ものをつくるという作業を通して、「なぜつくるのか」「何をつくるのか」「どうつくるのか」を発見するツールを身につけることが重要になると考えられるようになっています。プログラミング的思考が論理を使うのに対し、デザイン思考は直感を使います。

　ところで、STEAM（スチーム）人材という言葉をご存じでしょうか。科学技術リテラシーを高めるために重要だとされてきたScience（科学）、Technology（技術）、Engineering（工学）、Mathematics（数学）の頭文字をとったSTEMにArts（芸術やデザイン）を加えたSTEAMの重要性が今叫ばれています。プログラミング的思考とデザイン思考の両方を駆使して発想し活動する人材育成のための新しいコンセプトです。このムーブメントの旗振りとして重要な役割を演じている一人がジョン・マエダです。ジョン・マエダは「Design By Numbers」と呼ばれる実験的なプログラミング教育を1990年代にMITメディアラボで開始しました。ジョン・マエダとその学生は、デザイナー、アーティスト、その他の非プログラマーが簡単にコンピュータプログラミングをできるようにするソフトウェアを作成したのです。その成果の一つが、ケーシー・リースとベン・フライによって作成されたプログラミング言語Processing（プロセッシング）です。

　本書は、このプログラミング言語Processingを使って初めてプログ

ラミングを学習しようという人のために書いたものです。小学生、中学生、高校生にも読んでいただきたいと思いながら書きました。しかし、だからといって子ども向けにゲームを題材にしようとは考えていません。Processingはビジュアル・デザインのために開発されたプログラミング言語です。とはいっても、Java（ジャバ）やC（シー）などのIT分野でよく用いられているプログラミング言語とよく似ています。Python（パイソン）などの他の言語とも基本的には同じです。そのうえ、図形を描くことが簡単にできるという特徴を持っています。頭の中に描いた図形をプログラミングによって表現できるのです。このようなプロセスを通じてプログラミングの本質を自然に学ぶことができます。テクノロジーが表現のツールだということを知るでしょう。Processingの持つこのような特徴から、さまざまな題材をテーマにしてプログラミングを学習する教科書がたくさん出版されています。ゲームをテーマにしたもの、数学をテーマにしたもの、自然科学をテーマにしたものなどです。筆者も10年ほど前にそのような本を書きました。しかし、どれも論理的に考える部分に偏り過ぎているのではないかと今は考えています。プログラミング的思考とデザイン思考の両方をバランスよく、言い換えれば主観や直感と客観性や論理を適度に使いながら学習することが初めてのプログラミング学習にとって効果的ではないかと考えました。コーディングができるようになるだけでなく、「観察力」「想像力」「表現力」を磨くことを心がけて、前述のジョン・マエダやイタリアのデザイナーであるブルーノ・ムナーリの著書＊を参考にまとめたのが、この本です。直感的に理解できるテーマを論理的に再構成してプログラミング言語で表現するという一連のプロセスを通じて、プログラミングの学習が着実に進むと考えています。

註
＊ John Maeda, *Design By Numbers* (MIT Press), ブルーノ・ムナーリ『点と線のひみつ』(トランスビュー)など

5

Part 1

はじめの一歩 9

Lesson 1　Processingをはじめよう 10

1. Processingをダウンロードする　2. Processingをインストールする
3. Processingの環境を知る　4. 試してみる　5. プログラムを保存する

Lesson 2　プログラムを書く 15

1. 使用できる文字　2. コメントを書く　3. スペース　4. ファンクション（関数）

Lesson 3　描く 19

1. 点を描く　2. 図形を描く　3. 描く順序　4. 線の太さと種類
5. 色で描く　6. 自由な多角形を描く　7. 自由な曲線で描く

Lesson 4　平行移動と回転 35

1. 平行移動　2. 回転　3. 移動や回転の範囲を限定する　4. 拡大と縮小

Part 2

しくみを学ぼう 39

Lesson 5　変数を使う 40

1. 変数とは　2. 変数の種類と定義の方法　3. Processing変数　4. 配列
5. 演算子　6. 繰り返し　7. 二重の繰り返し

Lesson 6　連続して実行されるプログラム 51

1. draw( )ファンクション　2. setup( )ファンクション　3. マウスの位置を使う
4. コントロール　5. マウス・クリック　6. フォント

Lesson 7　ファンクション（関数）のつくり方 65

1. ファンクションをつくる　2. 戻り値のあるファンクション

Lesson 8　オブジェクト指向 73

1. ボールの運動　2. オブジェクト　3. ボールを追加する　4. 300個のボール
5. 自由に運動するボール

Contents

この本の使い方

この本は、Processingを使ってプログラミングの基本を学ぶ16のレッスンで構成されています。

1 プログラム・コードについて

本文で取り上げるプログラム・コードは、Processingで入力したときのイメージに近い等幅フォントで示しています（例：`backgroud`）。スペースの都合でコードを改行しているところがありますが、行の終わりを示すのは`;`（セミコロン）です。なお、本書ではWindows画面を解説に使用しています。

2 練習してみよう

練習の解答例（P. 230）の一部は以下のウェブサイトで公開しています。どんなビジュアル・デザインが生まれるのか、動画で確認してみてください。

https://www.shokokusha.co.jp/DL/321940/

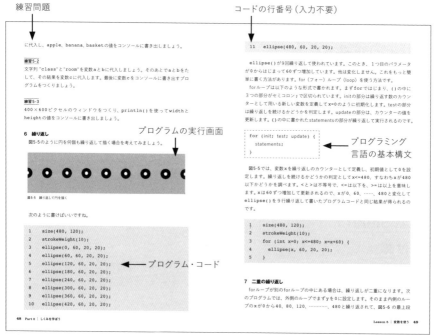

本書の構成

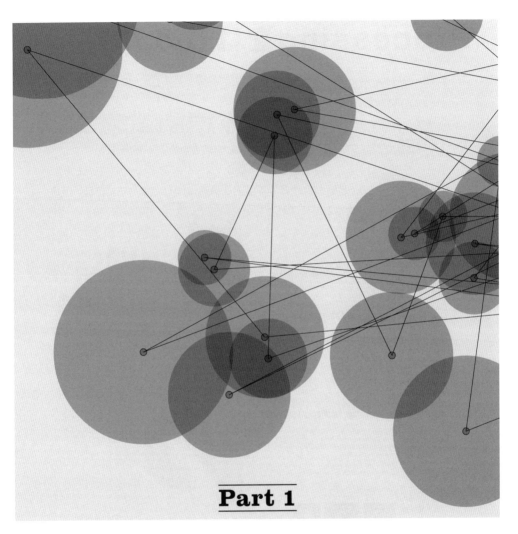

Part 1

はじめの一歩

Part 1では、プログラミングをスタートするための環境を整えることからはじめます。
図形を描くための簡単なプログラムを少しずつ書きながら、
プログラミングとはどういうものなのかが、だんだん見えてくるでしょう。

Lesson 1

Processingをはじめよう

　Processing（プロセッシング）でプログラミングをはじめましょう。Processingはビジュアル・デザインのために開発された比較的新しいプログラミング言語です。しかし、Java（ジャバ）やC（シー）などとよく似ていますし、Python（パイソン）など他の言語とも基本的な構造は同じです。そのうえ、図形を描くことが簡単にできるという優れた特徴を持っています。頭の中に描いた図形を、プログラミングで表現するというプロセスを通して、プログラミングの本質を学べるのです。書いたプログラムが図形となってフィードバックされますから、プログラム（コード）とその作用や誤りにもすぐ気づくでしょう。プログラミングのはじめの一歩には最適です。まずは、ダウンロードしてプログラミング環境を整えることからはじめましょう。

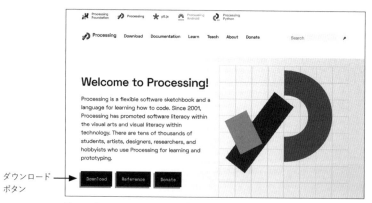

図1-1　Processing Webサイト（https://processing.org/）

1　Processingをダウンロードする

　Processingでプログラミングを行うのに必要なソフトウェアは、ProcessingのWebサイト（図1-1）から無料でダウンロードすることができます。Webブラウザを使ってhttps://processing.org/へ進みましょう。3つあるボタンの左にある「Download」をクリックします。するとページは図1-2のように変わり、あ

なたのコンピュータのオペレーティング・システムに適応した Processing のファイルをダウンロードするためのボタンが表示されます。この大きなボタンをクリックするとダウンロードがはじまります。あなたの使っているコンピュータによって、ダウンロードするファイルとインストールの方法が少し違いますから注意しましょう。もし、別のコンピュータや別のバージョンのソフトがほしいなら、そのページの少し下に別のボタンが用意されていますからそこから進むこともできます。

図1-2　ダウンロードする（Windows の場合、https://processing.org/download）

2　Processingをインストールする

　あなたのコンピュータが Windows なら、「ダウンロード」というフォルダにファイルが保存されますので、これを作業のしやすいデスクトップなどに移動しておきます。macOS では、ダウンロードするファイルをどこに保存したいのか尋ねてくるでしょう。この場合には、デスクトップを指定するといいでしょう。どちらの場合も zip という形式に圧縮されたファイルが保存されるのでダブルクリックで解凍して使います。これでインストールは完了です。ここでは、わかりやすく作業のしやすいデスクトップにファイルを保存しましたが、Windows では Program File、macOS では Application フォルダに入れても大丈夫です。Windows ではフォルダの中の「processing」というファイルのアイコンを、macOS では直接「processing」というアイコンをダブルクリックすれば起動します。

3　Processingの環境を知る

　Processing を起動するとウィンドウが開きます。図1-3は、そこにプログラムを書き込んだ一例です。Windows と Mac では、少しだけ違っていて、図1-3は

Windowsの場合です。Macの場合には、「ファイル(File)」「編集(Edit)」「スケッチ(Sketch)」「デバッグ(Debug)」「ツール(Tools)」「ヘルプ(Help)」などのメニューはこのウィンドウとは別にモニターの上部に表示されているはずです。Windowsの場合、開いたウィンドウの上部に表示されているでしょう。これをメニューバーと呼びます。その下がツールバーです。ツールバーには、丸の中に三角形のアイコン⊙で示された実行(Run)ボタンと丸に四角形のアイコン⊙で示された停止(Stop)ボタンが配置されています。その下には、ファイル名が書かれています。ファイル名はデフォルト（初期設定）で、「sketch_190901a」などと自動的に設定されます。このファイル名はあとで変更することができます。図1-3ではファイル名を「sketch_0103」に変更しています。その下にある白くて広いスペースがテキストエディタです。ここにプログラム（コード）を書きます。図1-3 では、1行目から16行目までにプログラムが書かれています。その下にある領域はメッセージエリアと呼ばれます。この例では、「保存が完了しました。」というメッセージが出ていますね。さらにその下の黒い領域は、コンソールと呼ばれます。ここには、詳しい技術的なメッセージが出力されることもありますし、あるいは、プログラム中からここに数値や文字を書き出すこともできます。メニューバーの一番左にあるメニュー「ファイル（File）」をクリックして現れる「設定(Preferences)」で

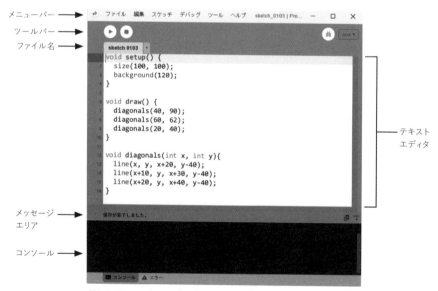

図1-3　Processingのプログラミング環境（Windowsの場合）

はメニューなどに使われる言語や、テキストエディタで使われるフォントの大きさなどの設定ができます。Macの場合、メニューバーの1番左にある「Processing」をクリックすると「Preferences」が現れます。日本語に設定したり、見やすい文字の大きさに変更したりしておきましょう。

4 試してみる

それでは、いよいよ試してみましょう。メニューバーにある「ファイル(File)」をクリックして現れる「新規(New)」をクリックします。すると新しいテキストエディタが現れます。ここに図1-4 のようにプログラムを書いてみましょう。

```
background(0);
```

図1-4　はじめてのプログラム

すべて半角の英数字で書きます。最後は；（セミコロン）です。書いたら早速、試してみましょう。ツールバーの実行ボタン⊙をクリックします。図1-5のようなウィンドウが表示されるでしょう。background（バックグラウンド：背景）というのは、ウィンドウの背景色を指定する命令です。background(0)と書くと黒色にしなさいという意味になります。このような命令を「ステートメント」と呼びます。かっこの中の0が黒色を意味しています。この

図1-5　黒いウィンドウ

ようにかっこの中に書く数値をパラメータ（または引数）と呼びます。ステートメントの終わりの；を忘れることがありますから注意しましょう。実行を停止する

には、ツールバーの停止ボタン⬛をクリックします。もう少し試してみましょう。

```
background(255);
```

はどうでしょう。今度は白色のウィンドウが表示されましたね。もう1つ、

```
background(128);
```

はどうでしょう。今度は灰色のウィンドウが表示されたでしょう。パラメータの 0 は黒色、128は灰色、255は白色を指しているのです。その中間も指定できます。

　このようにステートメントは、「何をするのか」という部分と「どのようにするのか」という部分からできています。この例の場合、「何をするのか」という部分がbackgroundで「背景色を設定する」ということになります。また、「どのようにするのか」という部分がパラメータ、0、128、255でそれぞれ「黒色」「灰色」「白色」にするということになっています。このことについては、Lesson 2でまた詳しく話しましょう。

練習1-1
背景色を32と指定してウィンドウを表示してみましょう。

5　プログラムを保存する

　たった1行ですが、これでも立派なプログラム（コード）です。開発したプログラムを保存しましょう。保存するには、メニューバーの「ファイル(File)」をクリックして、「名前を付けて保存(Save As...)」を選び、クリックします。ファイル名を入力し、「保存する場所」を確認して、「保存(Save)」をクリックすればプログラムの保存は完了です（図1-6）。

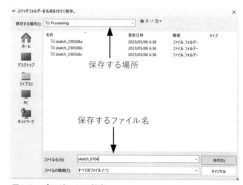

図1-6　プログラムの保存

Lesson 2
プログラムを書く

　プログラムを書くことと、メールやエッセイを書くことには共通点と相違点があります。まず、共通点ですが、メールを書くときには単語を選び順番に組み立てて、1つの文をつくります。さらにもう1つ文をつくり、さらにもう1つというふうにたくさんの文を組み合わせて、意図した文章に仕上げていきます。プログラムを書いてソフトウェアをつくるときも、単語を選び順番に組み立てて、1つの文（ステートメント）をつくります。例えば、Lesson 1の例にあった `background(255);`のようなステートメントをいくつか組み合わせてプログラムを書き上げます。図1-3（P.12）の例では、そのようなステートメントを16行組み合わせて1つの意図したプログラムに仕上げています。このように単語を組み合わせていくことが2つの共通点です。

　相違点は何でしょうか。まず、メールを書くときを考えましょう。伝えたい内容は1つでも、書き方はいろいろありますね。つまり、柔軟性があるのです。また、多少のあいまいさがあってもなんとか内容を伝えることができます。また、多少の誤字や脱字や文法の誤りがあっても、読み手はなんとか理解してくれるかもしれません。逆に、複数の解釈ができてしまうかもしれませんし、誤解されて伝わってしまうかもしれないという危険もあります。これは、書き手も読み手も人間だから可能なのでしょう。

　コンピュータプログラムを書く場合には、書く人によって多少のスタイルの違いがあるかもしれませんが、フレーズの柔軟性はありません。もちろん、あいまいさは許されません。さきほどの `background(255)` は必ずこのように書かなければなりません。先頭を大文字にして `Background(255)` としたり、255の代わりに `background(white)` としたりすることはできません。コンピュータがあいまいなプログラムの意味を解釈することや、誤りを補正して解釈することはまだできないのです。

1　使用できる文字
　プログラムを書くときに使用できる文字は、基本的に半角の英数字です。漢字や

ひらがな、カタカナなどの全角文字は使えません。半角小文字のa〜z、大文字のA〜Z、それから,（コンマ）と;（セミコロン）を使います。( )[ ]{ }（かっこ）もその用途により使い分けます。数字も半角の0〜9を使います。その他に + － / * % > < = _ # || & などの記号を使います。大文字と小文字は区別されますから注意しましょう。

2　コメントを書く

さきほど書いたはじめてのプログラムにコメントを書いてみましょう。以下のようにします。

```
1    // set background color to white
2    background(255);
```

実行すると、以前と同じように白色のウィンドウが現れます。//に続けて書いた行はコンピュータには無視されるのです。つまり、プログラムの実行には影響しません。このように//に続けて書いた行をコメントと呼びます。コンピュータには無視されますが、人間にとっては役に立つメモとなるのです。特にプログラムが複雑になってくると、どのような意図で書いたコードなのかをメモしておくことが大切になります。次のように/*と*/の間に書いてもコメントとなってプログラムの実行には影響しません。

```
1    /* set background color to white */
2    background(255);
```

複数行にわたるような長いコメントの場合はこちらが便利でしょう。

3　スペース

スペース（空白）をステートメントの構成要素の間に入れても、あるいはいくつ入れてもプログラムの実行には影響しません。スペースはキーボードの手前の真ん中にあるスペースキーを押して入力します。以下のように書いて試してみましょう。

```
2    background      (   255   )   ;
```

さらに改行を入れても意味は変わりません。

```
2    background
3    (  255  )
4    ;
```

つまり、プログラム中の1行の終わりを示すのは；（セミコロン）だけなのです。適切にスペースを入れて見た目にも読みやすいプログラムを書くように心がけましょう。

4　ファンクション（関数）

これまでに何度も登場してきた background() は、ファンクション（関数）と呼ばれるしくみの一つです。ファンクションは、一般にパラメータの値を受け取ってなんらかの処理をし、その結果を返す、すなわち、まとまった動作をする機能です。ですから、background(255) は 255 というパラメータの値を受け取って、それが白色を意味することを理解し、「ウィンドウの背景を白色に設定する」という一連の動作をする機能なのです。Processing にはたくさんのファンクションが準備されています。プログラムを書くということは、これらのファンクションを組み合わせて目的の動作を実行できるようにすることでもあるのです。もう一つのファンクションを使ってみましょう。size(サイズ：寸法)です。次のように書いてみましょう。

```
1    size(400, 200);
2    background(128);
```

実行すると図2-1のようなウィンドウが表示されるでしょう。size() はウィンドウのサイズを設定するファンクションです。これにはパラメータが2つあって、1つ目はウィンドウの横幅を400ピクセル、2つ目は高さを200ピクセルに指定しています。

図2-1　横400ピクセル、縦200ピクセルのウィンドウ

　size() を指定しない場合、寸法はデフォルト（default：初期設定）の100×100ピクセルに設定されます。なお、ピクセルとは、デジタル画像を構成する画素の最小単位のことを指します。この例の場合のウィンドウは、横に400ピクセルで縦に200ピクセルのグリッド状に並んだドットでできているというわけです。

練習2-1

横幅が600ピクセルで縦の長さが400ピクセルの黒いウィンドウを表示してみましょう。

Lesson 3
描く

コンピュータの画面は、グリッド状に並んだピクセルと呼ばれるドットでできています。ウィンドウ内の位置を示すには、このグリッド状に並んだピクセルを横方向と縦方向に数えて表現します。横方向はx座標、縦方向はy座標と呼ばれます。Processingでは、原点がウィンドウの左上の角にあり、x座標はウィンドウの左端からの距離、y座標は上端からの距離です（図3-1）。つまり、ウィンドウ内の位置を座標 (x, y) のように表すことができるのです。したがって、画面が120×120ピクセルの場合、左上は(0, 0)、中央は(60, 60)、右下は(119, 119)です。120個のピクセルがあるのですから、この一つひとつに番号を0から付けると、0から119までとなって、右下は(119, 119)ですね。

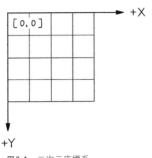

図3-1　二次元座標系

画面が120×120ピクセルとなるように設定してみましょう。次のように書きます。

```
size(120, 120);
```

実行ボタンを押してみましょう。図3-2のようなウィンドウができましたね。他のサイズのウィンドウも試してみてください。ウィンドウの準備ができたら、次はいよいよ図形を描く番です。まずは、点を描くことからはじめましょう。

図3-2　120×120ピクセルのウィンドウ

1 点を描く

120×120ピクセルのウィンドウの真ん中に点を描いてみましょう。点を描くためのファンクションは、point（ポイント：点）です。これには2つのパラメー

タが必要で、その一つはx座標、もう一つはy座標ですから、次のような形をしています。ファンクションについてはLesson 7で詳しく説明します。

```
point(x, y)
```

point()は点を描くことを指示して、そのパラメータ(x, y)がどの位置なのかということを指定しています。真ん中ですからx座標もy座標もどちらも60ですね。それでは、実際に試してみましょう。次のように書いて実行します（図3-3）。

図3-3　真ん中に点

```
1   size(120, 120);
2   point(60, 60);
```

練習3-1
240×120ピクセルのウィンドウの真ん中に点を描きましょう。さらに、それに加えてウィンドウの四隅にも点を描きましょう。

2　図形を描く
基本的な図形を何種類か描いてみましょう。

まず、直線です。直線を描くファンクションは、line（ライン：線）です。これには4つのパラメータがあって、最初の2つは直線の始点を示す座標のx1とy1です。残りの2つは終点を示す座標のx2とy2です。

```
line(x1, y1, x2, y2)
```

120×120ピクセルのウィンドウで始点が(20, 100)、終点が(100, 20)となるように直線を描きましょう。プログラムは次のようになります。

```
1   size(120, 120);
2   line(20, 100, 100, 20);
```

実行すると**図3-4**のようになるでしょう。

　次に、120×120ピクセルのウィンドウで頂点の座標が**(20, 20)**、**(90, 50)**、**(60, 100)**となるように三角形を描きましょう。**triangle**（トライアングル：三角形）を使います。プログラムは次のようになります。

```
1    size(120, 120);
2    triangle(20, 20, 90, 50, 60, 100);
```

実行すると**図3-5**のようになるでしょう。

図3-4　直線

図3-5　三角形

　次は四角形です。四角形を描くファンクションは、**quad**（クワッド：四角形）です。これには8つのパラメータがあります。最初の2つは、四角形の1つ目の頂点の座標x1とy1です。同じように2つ目の頂点の座標x2とy2、3つ目の頂点の座標x3とy3、4つ目の頂点の座標x4とy4と続き、全部で8つとなるのです。

```
quad(x1, y1, x2, y2, x3, y3, x4, y4)
```

　120×120ピクセルのウィンドウで頂点の座標が**(30, 20)**、**(100, 50)**、**(70, 100)**、**(20, 80)**となるように四角形を描きましょう。プログラムは次のようになりますね。

```
1    size(120, 120);
2    quad(30, 20, 100, 50, 70, 100, 20, 80);
```

実行すると**図3-6**のようになるでしょう。

次は長方形です。長方形を描くファンクションは、rect（レクト：長方形）です。これには4つのパラメータがあります。最初の2つは、長方形の左上角の座標xとyです。3つ目は幅（width）、4つ目は高さ（height）です。

```
rect(x, y, width, height)
```

120×120ピクセルのウィンドウで左上角の座標が(20, 40)、幅が80で高さが40の長方形を描きましょう。プログラムは次のようになりますね。

```
1    size(120, 120);
2    rect(20, 40, 80, 40);
```

実行すると図3-7のようになるでしょう。

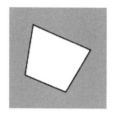

図3-6　四角形

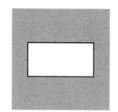

図3-7　長方形

次は円です。円を描くファンクションは、ellipse（イェリップス：楕円）です。英語のellipseは楕円という意味ですから、正確には楕円を描くファンクションです。これには4つのパラメータがあります。最初の2つは、楕円の中心座標xとyです。3つ目は幅、4つ目は高さです。

```
ellipse(x, y, width, height)
```

120×120ピクセルのウィンドウで中心座標が(60, 60)、幅（width：ウィズ）が80で高さ（height：ハイト）が40の楕円を描きましょう。プログラムは次のようになりますね。

```
1    size(120, 120);
```

```
2    ellipse(60, 60, 80, 40);
```

実行すると図3-8のようになるでしょう。幅と高さが同じなら円を描けますね。

最後は円弧です。図3-9のような円弧を描きましょう。120×120ピクセルのウィンドウで円弧の中心が**(60, 60)**の位置にあります。幅と高さはどちらも110です。時計の3時のところを0°として、右下45°のところからはじまって時計回りに315°のところまでの円弧です。円弧を描くには、**arc**（アーク：円弧）というファンクションを使います。これには6つのパラメータがあって、最初の2つは、円弧の中心座標xとyです。3つ目は幅、4つ目は高さ、5つ目は開いた扇のはじめの角度（start）、6つ目は終わりの角度（stop）です。

```
arc(x, y, width, height, start, stop)
```

しかし、Processingでは角度をラジアン（radians）という単位で記述しますから少し注意が必要です。私たちが日常で使う角度の単位は°（度：degrees）ですね。0°はラジアン単位でも0です。180°は円周率のπ（パイ）です。90°はその半分ですから$\pi/2$です。45°は$\pi/4$で、315°はその7倍の7π/4ということになります。Processingではπを**PI**と表記します。また、わり算は**/**で、かけ算は*****で書くことになっていますから、45°と315°はそれぞれ**PI/4**、**7*PI/4**と書けます。プログラムは次のようになりますね。わり算やかけ算についてはLesson 5で詳しく説明します（P.45）。

```
1    size(120, 120);
2    arc(60, 60, 110, 110, PI/4, 7*PI/4);
```

実行すると図3-9のようになるでしょう。

図3-8　楕円

図3-9　円弧

角度をラジアンで測るのが直感的でない人は、次のような書き方を試してみましょう。

```
1    size(120, 120);
2    arc(60, 60, 110, 110, radians(45), radians(315));
```

`radians(45)`と書くことで角度を直接ラジアンで指定しないで、`radians()`というファンクションを使って度という単位からラジアン単位に変換するのです。こうすればいちいちπを気にすることはありませんね。

練習3-2
480×120ピクセルのウィンドウで座標(420, 100)から(20, 50)へ直線を描きましょう。

練習3-3
480×120ピクセルのウィンドウで図3-10のように長方形を描きましょう。

練習3-4
480×120ピクセルのウィンドウで図3-11のように円弧を描きましょう。

図3-10　練習3-3で描く長方形

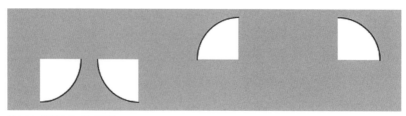

図3-11　練習3-4で描く円弧

3　描く順序

　プログラムが実行されるとき、コンピュータは書かれたステートメントを上から順に1つずつ実行していきます。ですから、次のプログラムの場合には長方形のあとに円を描くことになり、結果として図3-12のように長方形の上に円が重なります。試してみましょう。

```
1    size(480, 120);
2    rect(100, 40, 320, 60);
3    ellipse(100, 50, 80, 80);
```

図3-12　長方形の上に円が重なる

　順番を変えてみましょう。今度は図3-13のように円の上に長方形が重なります。

```
1    size(480, 120);
2    ellipse(100, 50, 80, 80);
3    rect(100, 40, 320, 60);
```

図3-13　円の上に長方形が重なる

4　線の太さと種類

　線の太さに注目しましょう。デフォルトの太さは1ピクセルです。太さを変えるにはstrokeWeight（ストロークウェイト）を使います。パラメータとして太さ

をピクセル単位で指定します。次のプログラムでは、図3-14のように円の輪郭線が左から右へだんだん太くなっています。試してみましょう。

```
1    size(480, 120);
2    strokeWeight(1);
3    ellipse(75, 65, 70, 70);
4    strokeWeight(2);
5    ellipse(153, 65, 70, 70);
6    strokeWeight(4);
7    ellipse(233, 65, 70, 70);
8    strokeWeight(8);
9    ellipse(315, 65, 70, 70);
10   strokeWeight(12);
11   ellipse(400, 65, 70, 70);
```

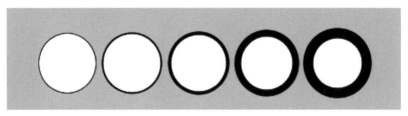

図3-14　線の太さを変える

5　色で描く

　ウィンドウの背景の色、図形の色、図形の輪郭線の色を指定するには、それぞれ`background`、`fill`（フィル：塗りつぶす）、`stroke`（ストローク：筆使い）を用います。図3-15のようにモノクローム（モノクロ、白黒）で描く場合に、これらのファンクションのパラメータは1つで、0から255の値をとります。0は黒を、255は白を意味します。パラメータの値は濃度を示すのでその間はグレーとなります。

　図形を塗りつぶしたいなら`fill()`を用いますが、逆に塗りつぶさないなら`noFill()`です。輪郭線を描かないなら`noStroke()`を用います。以下のプログラムでは図3-15のように、これらの組み合わせを試しています。確かめてみましょう。

```
1    size(480, 120);
2    background(255);
3    fill(200);
4    rect(20, 10, 140, 100);
5    noFill();
6    rect(170, 10, 140, 100);
7    noStroke();
8    fill(100);
9    rect(320, 10, 140, 100);
```

図3-15　図形の塗りつぶしと輪郭線の有無

　色を指定する方法はいくつかありますが、ここではRGBで指定する方法を見て
みましょう。background()、fill()、stroke()などのファンクションで
それぞれパラメータを指定します。1つ目は R すなわち赤（Red）、2つ目はGす
なわち緑（Green）、3つ目はBすなわち青（Blue）の成分を0 から255の範囲の
濃度で指定します。ウィンドウにはこれら3つの成分がその割合に応じて配合され
た色として表示されます。次のプログラムでは図3-16のように正方形を4色で表
示しています。試してみましょう。ところで、//のあとはコメントでしたね。プ
ログラムの動作には影響しませんが、プログラムが読みやすくなります。

```
1    size(480, 120);
2    background(0, 100, 200); // light blue
3    fill(255, 0, 0);         // red
4    rect(25, 10, 100, 100);
5    fill(0, 255, 0);         // green
6    rect(135, 10, 100, 100);
7    fill(0, 0, 255);         // blue
```

```
8    rect(245, 10, 100, 100);
9    fill(100, 100, 100);       // gray
10   rect(355, 10, 100, 100);
```

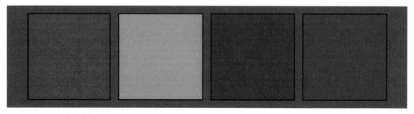

図3-16　4つの色で描く

　色を指定する方法をもう1つ見ておきましょう。HSBで指定する方法です。
Processingでは、RGBがデフォルトの設定になっていますので、HSBで指定す
るには、まずcolorMode()を使ってこれからはHSBで色を指定するということ
を宣言しておきます。HSBは、色相(Hue)、彩度(Saturation)、明度(
Brightness)の3つの成分を数値で指定する方法です。**図3-16**を HSB で描いて
みましょう。

```
1    size(480, 120);
2    colorMode(HSB, 360, 100, 100);
3    background(209, 99, 77);    // light blue
4    fill(0, 99, 99);           // red
5    rect(25, 10, 100, 100);
6    fill(119, 99, 99);         // green
7    rect(135, 10, 100, 100);
8    fill(239, 99, 99);         // blue
9    rect(245, 10, 100, 100);
10   fill(0, 0, 38);            // gray
11   rect(355, 10, 100, 100);
```

　colorMode()のパラメータの1つ目に、RGBかHSBかを選択します。HSB
の場合、2つ目は色相を示す値の最大値です。いくつを指定してもいいのですが、
色相は色相環をイメージするとわかりやすいため360(°)が用いられることが多

いようです。残りの2つは彩度と明度の最大値ですが、100（%）を使うことが多いようです。RGBとHSB、どちらのパラメータを使うにしてもイメージした色の成分を数値で指定することは簡単ではありません。そこで、Processingには図3-17に示すような「色選択（Color Selector）」パネルが用意されています。

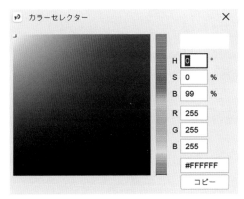

図3-17　色選択パネル

　メニューバーの「ツール（Tools）」から「色選択（Color Selector）」を選んでみましょう。イメージした色をクリックするとそのRGBやHSBの値が右に示されています。色を指定するにはこの他に色番号（#FFFFFFなど）を指定する方法があります。ところで、`fill()`、`stroke()`などの色の指定には、4つ目のパラメータを追加することもできます。これはアルファ（α）値と呼ばれ、0から255の範囲で透明度を指定できます。0は完全に透明であることを、逆に255は不透明を、その中間の値は透明と不透明の間を表現することができます。次のプログラムでは、図3-18のように透明となる様子を確かめることができます。試してみましょう。

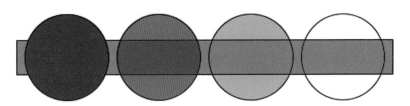

図3-18　透明度を指定する

```
1    size(480, 120);
```

```
2     background(255);
3     fill(0, 255, 0);
4     rect(15, 40, 450, 40);
5     fill(255, 0, 0, 255);
6     ellipse(75, 60, 100, 100);
7     fill(255, 0, 0, 128);
8     ellipse(185, 60, 100, 100);
9     fill(255, 0, 0, 64);
10    ellipse(295, 60, 100, 100);
11    fill(255, 0, 0, 0);
12    ellipse(405, 60, 100, 100);
```

練習3-5

描く順番を工夫して**図3-19**のような図を描いてみましょう。この図では、輪郭線が描かれていません。このように輪郭線を描かないためには、`noStroke()`を使います。以下に示すプログラムに続けて書いてください。

```
1     size(480,120);
2     noStroke();
```

図3-19　描く順番を工夫した図形

6　自由な多角形を描く

　四角形や円だけしか描けないなら、残念ですね。しかしProcessingには、もっと自由な図形を描くためのファンクションが用意されています。まずは、いくつかの点をつないで自由な多角形を描くことに挑戦してみましょう。

```
1    size(480,120);
2    beginShape();
3    vertex(15, 15);
4    vertex(165, 15);
5    vertex(165, 45);
6    vertex(315, 45);
7    vertex(315, 75);
8    vertex(465, 75);
9    vertex(465, 105);
10   vertex(15, 105);
11   endShape(CLOSE);
```

このプログラムを実行すると、**図**3-20のような図形を描くことができます。

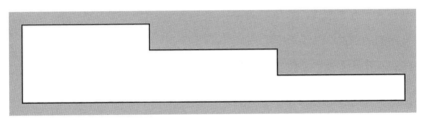

図3-20　自由な多角形

　自由な図形を描きはじめることを `beginShape`（ビギンシェープ：はじめる＋形）でまず宣言します。パラメータはありません。次の`vertex`（バーテックス：頂点）は多角形の頂点を定義するためのファンクションです。パラメータは2つあって、1つ目はx座標で2つ目はy座標です。この図形には8つの頂点がありますからこれを順番に並べています。最後に`endShape`（エンドシェープ：終わり＋形）で図形の定義が終わることを示します。パラメータの`CLOSE`（クローズ：閉じる）は、この図形が閉じた多角形であることを示しています。もし、閉じた多角形にしたくないなら、`endShape()`のようにパラメータを書きません。**図**3-21のプログラムでは、閉じていないことがわかりやすいように、塗りつぶしをやめるファンクション、`noFill()`を書いてから図形を描きはじめています。次のように前のコードを書き直して試しましょう。

```
1    size(480,120);
2    noFill();
3    beginShape();
4    vertex(15, 15);
5    vertex(165, 15);
6    vertex(165, 45);
7    vertex(315, 45);
8    vertex(315, 75);
9    vertex(465, 75);
10   vertex(465, 105);
11   vertex(15, 105);
12   endShape();
```

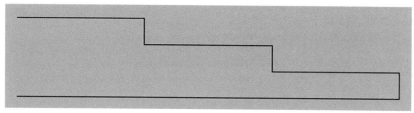

図3-21　閉じない図形

7　自由な曲線で描く

vertex()を使うと頂点を直線でつないで図形を描くことができました。直線ではなく、曲線で形を描きたいときはどうしたらいいでしょう。曲線を描くためにProcessingにはいくつかのファンクションが用意されています。その中からcurve（カーブ：曲線）を選んで使ってみましょう。

```
1    size(480, 120);
2    noFill();
3    ellipse(60, 100, 4, 4);     //c1
4    ellipse(150, 20, 4, 4);     //v1
5    ellipse(240, 100, 4, 4);    //v2
6    ellipse(330, 20, 4, 4);     //v3
7    ellipse(420, 100, 4, 4);    //c2
```

```
8    curve(60, 100, 150, 20, 240, 100, 330, 20);
9    curve(150, 20, 240, 100, 330, 20, 420, 100);
```

このプログラムを実行すると、図3-22のようになります。

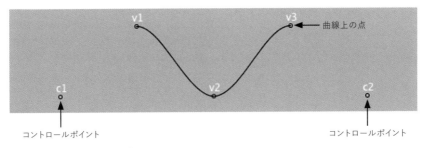

図3-22　curve( ) で描いた曲線

　ここでは、5つの点を使って曲線を描いています。これらの点がどこにあるのか
を確認するために、プログラム中でellipse( )を使ってその位置を示しています。
これらの点の内で最初と最後の点はコントロールポイント（制御点）と呼ばれ、形
を制御することには使われますが、曲線はここを通りません。この区別がわかりや
すいように c1 や v1 などとコメントを付けておきました。c はコントロールポイ
ント、v は曲線上の点を意味します。このプログラムでは、curve( )を2回使っ
て2本の曲線を描き、1本の曲線のように表現しています。最初の曲線は左側の半
分v1からv2までです。左側の半分はv1とv2を通る曲線ですが、v1の位置での
曲がり具合をコントロールするためにc1が使われるのです。例えば、c1がもう少
し上のほうにあればv1で曲線も少し上を向くようになります。v2の位置での曲が
り具合をコントロールするためには、v3をコントロールポイントとみなします。
　curve( )には4組8つのパラメータがありますが、最初の2つはコントロール
ポイントc1のx座標とy座標です。最後の2つはv3をコントロールポイントと考
えて、そのx座標とy座標を指定します。8つのパラメータのうち、中央の4つが
曲線の始点v1と終点v2です。右側半分もcurve( )を使って描きます。最初の2
つはv1をコントロールポイントと考えてx座標とy座標を指定します。次の4つ
は曲線の始点v2と終点v3です。最後の2つはコントロールポイントc2のx座標
とy座標です。
　図3-22と同じ5つの点を使って閉じた曲線を描いてみましょう。これにも
curve( )が使えます。

```
1    size(480, 120);
2    noFill();
3    ellipse(60, 100, 4, 4);      //v1
4    ellipse(150, 20, 4, 4);      //v2
5    ellipse(240, 100, 4, 4);     //v3
6    ellipse(330, 20, 4, 4);      //v4
7    ellipse(420, 100, 4, 4);     //v5
8    curve(60, 100, 150, 20, 240, 100, 330, 20);
9    curve(150, 20, 240, 100, 330, 20, 420, 100);
10   curve(240, 100, 330, 20, 420, 100, 60, 100);
11   curve(330, 20, 420, 100, 60, 100, 150, 20);
12   curve(420, 100, 60, 100, 150, 20, 240, 100);
```

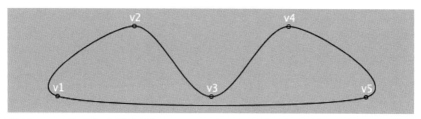

図3-23　curve()で描いた閉じた曲線

　ここでも、点の位置がどこなのかを知ることができるようにellipse()で確認しています。今度はすべての点を通る曲線を描きたいのでv1、v2、v3、v4、v5としました。これらの点はコントロールポイントとしても使われます。描きたい曲線をいくつかの曲線分（セグメント）に分けて描くのですが、このプログラムでは5つのセグメントを描くためにcurve()を5回使っています。最初の2つは図3-22の場合と同じです。3つ目はv4とv5の間に曲線を描きます。このとき、v3とv1をコントロールポイントとして使います。4つ目はv5とv1の間に曲線を描きます。このとき、v4とv2をコントロールポイントとして使います。5つ目はv1とv2の間に曲線を描きます。このとき、v5とv3をコントロールポイントとして使います。実行すると図3-23のような曲線が描けます。

Lesson 4

平行移動と回転

図形を傾けたり移動したりしてみましょう。Lesson 3でいろいろな図形の描き方を知ることができました。その中に長方形がありました。`rect()`です。しかし、図4-1のように傾いた長方形にしたいならどうしたらいいでしょう。ここでは、このような図形を描くための平行移動と回転について学びます。

図4-1　傾いた長方形

1　平行移動

図形の移動には、`translate`(トランスレート：平行移動) を使います。試してみましょう。

```
1    size(480, 120);
2    rectMode(CENTER);
3    translate(240, 60);
4    rect(0, 0, 120, 60);
```

ウィンドウのサイズ（480×120ピクセル）に続いて`rectMode()`を`CENTER`（センター：中心）に設定しています。これから描く長方形の位置を特定するための基準点を図形の中心に設定します。次に平行移動です。`translate()`で平行移動をします。1つ目のパラメータはx方向への移動、2つ目はy方向への移動です。これによって座標が平行移動します。`(240, 60)`ですから、原点がちょうどウィンドウの真ん中に移動するのです。この設定を行うと以後に変更を行うまでずっと

この設定が続きます。そして、rect()と続いていますが、基準点のx座標もy座標も(0, 0)ですから、ウィンドウ中央に設定した新しい原点を中心に120×60ピクセルの長方形を描くのです（図4-2）。

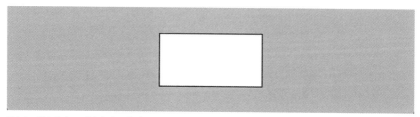

図4-2　原点をウィンドウ中央に移動

2　回転

図4-2のように原点を移動したあとで、座標系を回転してから長方形を描けば 図4-1のようになるでしょう。座標系を回転するにはrotate（ローテート：回転）を使います。パラメータは回転の角度です。時計回りの角度をラジアン単位で指定します。45°の回転ならラジアン単位ではπ/4です。ProcessingではπをPIと書きますから、PI/4ですね。移動してから回転するというところが重要です。移動と回転の順番を変えると、思ったようにはなりません。次のプログラムを試してみましょう。図4-3のようになりましたか。

```
1    size(480, 120);
2    rectMode(CENTER);
3    translate(240, 60);
4    rotate(PI/4);
5    rect(0, 0, 120, 60);
```

図4-3　移動と回転の組み合わせ

角度をラジアン単位で表すのが苦手なら、`rotate(PI/4)`のところを次のように
にしてもいいですね。

```
4    rotate(radians(45));
```

3　移動や回転の範囲を限定する

　`translate()`や`rotate()`で座標系の設定を変更すると、それ以降その影響
が続きます。これには不都合な場合もあります。座標系変更の影響をある範囲にと
どめ、元の座標系に戻って描画したいことがあるのです。そこで、Processingに
は設定を元に戻すしくみが用意されています。`pushMatrix`（プッシュマトリクス）
と`popMatrix`（ポップマトリクス）です。`pushMatrix()`は現在の座標系をス
タックと呼ばれるしくみに保存し、`popMatrix()`は保存しておいた座標系を復
元します。数学的な処理にちなんだ名前です。このしくみは理解しにくいかもしれ
ませんが、`pushMatrix()`からはじまって`popMatrix()`で終わる範囲に書か
れた座標系の変更は、その範囲に限定されて他には影響しないと考えるといいでし
ょう。このしくみを使って、次のプログラムを試してみましょう。

```
1    size(480, 120);
2    rectMode(CENTER);
3
4    pushMatrix();
5    translate(240, 60);
6    rotate(PI/4);
7    rect(0, 0, 120, 60);
8    popMatrix();
9
10   rect(0, 0, 120, 60);
```

　図4-3のために書いたコードのうち3行を`pushMatrix()`と`popMatrix()`
で囲んでいます。その後、同じ`rect(0, 0, 120, 60)`を実行します。その結
果は、図4-4のようになります。あとで描いた長方形は左上の元々の原点の位置に
描かれています。ウィンドウからはみ出ていますので、4分の1だけが見えている
のです。

図4-4　pushMatrix()とpopMatrix()を使う

4　拡大と縮小

　scale（スケール：尺度）ファンクションは図形を拡大したり縮小したりします。
scale(s)のようにパラメータが1つの場合には、すべての方向をsに指定され
た倍率に拡大縮小します。scale(x, y)のようにパラメータが2つの場合には、
x方向とy方向の倍率をそれぞれ指定することができます。この例では、まず拡大
縮小なしで幅200ピクセル、高さ10ピクセルの長方形を描き、そのあとに倍率を
2倍に設定して同じ長方形を描いています。座標の目盛りが2倍になるので、描か
れる位置も図4-5のように変わっていますね。

```
1    size(480, 120);
2    rect(10, 40, 200, 10);
3    scale(2);
4    rect(10, 40, 200, 10);
```

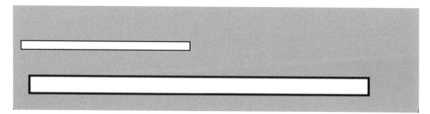

図4-5　拡大

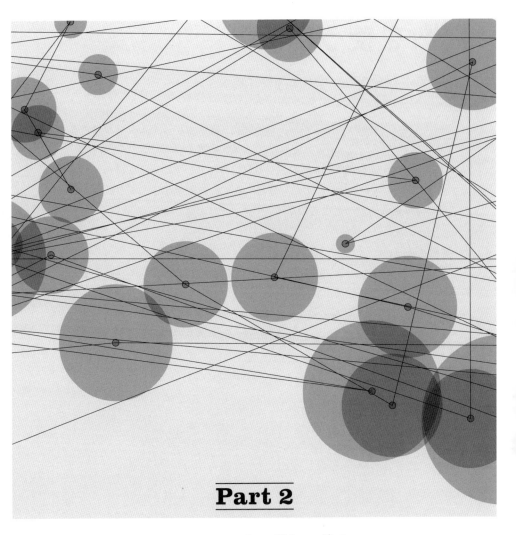

Part 2

しくみを学ぼう

Part 2では、Java、C、Pythonなど
他のプログラミング言語とも共通するところが多い基本的な文法を学びます。
基本的な文法を知ることで、図形を描くことがもっと面白くなるはずです。

Lesson 5

変数を使う

Part 1では、Processingの特徴である図形を描くということを試してきました。プログラミングにもだいぶ慣れてきたのではないでしょうか。ここからは、C、Java、Pythonなど他の言語とも共通するプログラミングの本質に進んでいきましょう。まず、「変数」からはじめたいと思います。変数を知ると、これまで学んだ描くということがもっと面白くなるはずです。

1 変数とは

変数（variable：バリアブル）というのはデータを保存しておくための入れ物と考えるといいでしょう（図5-1）。変数に値を保存しておけば、プログラム中でこれを何度でも使うことができます。一度保存すると、それ以降、そのプログラムを終了するまで何度でもです。しかも、変数に保存された値はプログラム中で簡単に書き換えることもできます。

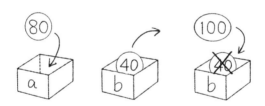

図5-1　変数はデータの入れ物

次のプログラムを試してみましょう。

```
1    size(480, 120);
2    int a = 80;
3    int b = 40;
4    rect(60, 20, a, b);
5    rect(180, 20, b, a);
```

```
6    rect(260, 20, a, a);
7    rect(380, 20, b, b);
```

この例では、はじめに480×120ピクセルのウィンドウをつくり、aとbという名前の変数に辺の長さを意味する値80と40をそれぞれ保存しています。その後、これらを繰り返し使用して、図5-2の図形を描きます。変数に値を保存するには、`int a = 80`のように書きます。この例で、`int`（イント）は変数の種類です。aは変数の名前です。`= 80`で値を保存します。`int`はinteger（整数）の省略です。整数を入れるためのaという名前の箱を用意して、そこに80を保存するという一連の動作が行われると見ることができます。`int b = 40`も同様です。

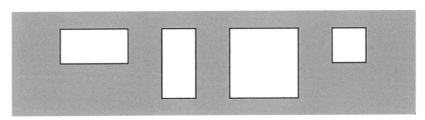

図5-2　変数を使った作図の例

2　変数の種類と定義の方法

変数は、型（type：タイプ）と名前（name：ネーム）と保存される値（value：バリュー）から構成されています。まず、型からはじめましょう。`int`、`float`、`boolean`、`char`、`String`、`color`、`PImage`など、変数にはいろいろな種類があります。この種類のことを型と呼ぶのです。型によって保存できるデータのタイプが異なります。現実の世界の入れ物にも種類がありますね。コップ、ざる、財布、弁当箱などそれぞれ用途が異なるのと似ています（図5-3）。

1. `int`型には、0、1、2、3、−1、−2などのような整数を保存できます。
2. `float`（フロート）型には、3.14195、2.6、−169.3などのように小数を含む数（floating point value：小数点数）を保存できます。
3. `boolean`（ブーリアン）型には、真または偽を意味する`true`か`false`を保存することができます。
4. `char`（チャー）型には、'A'、'B'、'C'、'a'、'b'、'c'などの1文字を保存できます。保存する1文字は' 'でくくります。

5. String（ストリング）型には、"ABC"、"abc"などの文字列を保存できます。保存する文字列は" "でくくります。

6. color（カラー）型には、色の情報を保存できます。

7. PImage（ピーイメージ）型には、gif、jpg、tga、pngなどの拡張子が付いた画像ファイルを保存できます。

　その他の変数については、必要なときにメニューバーのヘルプで調べましょう。
　変数の名前はアルファベットで始まる1語です。間に数字を含むこともできますが、スペース（空白）や記号を入れてはいけません。記号ではじまったり、間に記号が入ったものも誤りです。
正しい変数名の例：apple、tiger、member48、ball267a、Cell、four_
Roses
誤った変数名の例：1960s、#128、yes no、&truck、ball#267a、a+b

図5-3　変数の種類（型）

　それでは、変数を定義して値を保存してみましょう。いろいろなやり方がありますが、ここではまず変数の名前を定義して、そのあとで値を保存する方法を試します。整数を保存する場合、データの型を意味するintに続けて変数の名前を定義して、次の行で=の記号を使って変数に値を保存します。

```
int a;
a = 80;
```

　ここでは、int（整数）型の変数aに80を保存しました。定義と保存を同時に行うなら、

```
int a = 80;
```

のように書きます。=の記号は数学の「等しい」という意味の等号を意味するのではなく、左辺に書かれた変数に右辺の値を「保存する」という意味を持ちます。保存先の変数は必ず左辺に書かなければなりません。=の記号は左向きの矢印のように考えるといいでしょう。また、このように保存することを「代入」と呼ぶこともありますから覚えておきましょう。各ステートメントの終わりには；（セミコロン）を忘れないようにしましょう。小数点数の場合は次のように書きます。

```
float f;
f = 3.1415926;
```

3 Processing変数

Processingには特別な変数が用意されています。例えば、widthやheightです。これらは、プログラムの中で宣言しないで使うことができますが、特別な意味を持った変数です。widthとheightにはそれぞれウィンドウの幅と高さの値が保存されています。その他、マウスの操作に関連したmouseX（マウスエックス）、mouseY（マウスワイ）やmousePressed（マウスプレスド：マウスが押された）、キーボードの操作に関連したkeyPressed（キープレスド：キーが押された）、key（キー）などの変数があります。

4 配列

配列（array：アレー）も変数の一種です。配列は変数を同じ名前を持つリストとして扱えるようにします。共通点のある一連のデータを同じ名前で扱うことによって、プログラムコードを短く簡潔にわかりやすく書くことができます。

簡単な例からはじめましょう。次のプログラムで、scoreという変数には5科目の点数が保存されます。点数は整数型なのでintです。その次にある[ ]は配列であることを示しています。配列として変数を定義すると、この例の右辺のような複数個のデータをリストとして保存し、扱うことができるようになります。

```
int[] score = {90, 85, 60, 75, 100};
println(score);
```

println()は変数に保存されているデータをコンソールに書き出すファンクションです。実行すると点数がコンソールに順番に出力されて、これらがscoreと

いう名前の一連のデータとして保存されていることがわかります。図5-4のような収納棚をイメージするといいかもしれません。scoreという名前の棚ですが、それには5つの引き出しが付いていて、それらにデータが1つずつ入っています。

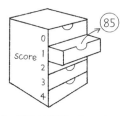

図5-4　配列は収納棚のイメージ

引き出しには0から4までの5つの番号が付いていると考えることができます。ですから、上から4番目の引き出しの中身を出力するには次のように書きます。

```
int[] score = {90, 85, 60, 75, 100};
println(score[3]);
```

引き出しの番号が0から始まることに注意しましょう。5科目の点数の合計を計算したいなら次のようにします。

```
int[] score = {90, 85, 60, 75, 100};
int sum = score[0]+score[1]+score[2]+score[3]+score[4];
println(sum);
```

配列を別のやり方でつくることもできます。また、intの他にも、float、boolean、String、PImageなどすべての型の変数に対して配列をつくることもできます。例えば、float型で100個の要素を持つdistanceという名前の配列をつくるなら、次のように書くことができます。

```
float[] distance;
distance = new float[100];
```

＝の次にnewと書くのは文法上の決まりです。＝で代入するのではなく、配列を

つくるということを示しています。次のように書いても同じです。

```
float[] distance = new float[100];
```

この配列の最初の要素0番に210.5を保存するには次のようにします。

```
distance[0] =210.5;
```

最後の要素99番に333.6を保存するには次のようにします。番号が0からはじまるので最後の要素は99番目ですね。

```
distance[99] = 333.6;
```

5　演算子

+、-、*、/のようないくつかの記号を演算子（operator：オペレータ）と呼びます。これらを使うと計算を行うことができます。+はたし算、-はひき算、*はかけ算、/はわり算のために使います。算数でやるように2つの変数または定数の間に演算子を置くと式をつくることができるのです。例えば、x+y や x+3 などです。式を計算した結果を別の変数に保存するというやり方は、プログラムコードの中によく出てきます。例えば、

```
a = x + y;
```

のようにします。a = x+y は、変数xに保存されている値とyに保存されている値をたして、変数aに保存します。もう少し複雑な式を書くこともできます。例えば、

```
int x = 9 + 3 * 4;
```

と書いて実行すれば、整数型の変数xに21が保存されます。48ではありません。かけ算の優先順位が高いため3*4がはじめに実行され、その後9が加えられるからです。

```
int a = 9;
```

```
int b = 3;
int c = 4;
int x = a + b * c;
```

のようにしても結果は同じです。計算の順序は算数で用いられる優先順序と同じですが、( )を使って順序を変えることもできます。

```
x = (9 + 3) * 4;
```

とすれば、xには48が保存されます。＝が算数の「等しい」を意味するのではなく、保存を意味するので、例えば、

```
x = x + 100;
```

も間違いではありません。変数xに保存されている値に100を加えて、あらためてxに保存（上書き保存）することを意味しています。このような方法はよく使われるので、次のように簡単に書く方法も用意されています。

```
x += 100;
```

これはx = x + 100と同じです。特に1ずつ増加することが多いので

```
x++;
```

という書き方もあります。これは、x = x + 1と同じです。1ずつ減少するなら、

```
x--;
```

です。次の例は正しいステートメントではありません。これらを実行すればエラーがコンソールに表示されるでしょう。型が違うからです。この例のsには文字列（String）なら保存できますが、右辺は数値です。また、cには1文字（char）を保存できますが、右辺は文字列です。

```
String s = 3.6;
char c = "abc";
```

次の例もエラーです。これも型が違うからです。mには整数（int）を保存でき
ますが、右辺は小数点数です。

```
int m = 3.1419526;
```

ここまでのところを実際にプログラミングして確かめてみましょう。次のように
書いて実行してみてください。

```
1    int i, j, k;
2    float f;
3    char c;
4    String s;
5    i = 3015;
6    j = 761;
7    f = 3.1415926;
8    c = 'g';
9    s = "alpha";
10   k = i + j;
11   println(f);
12   println(k);
13   println(c);
14   println(s);
```

println()で、変数に保存されているデータを書き出します。コンソールに書
かれたデータを確認して、変数と演算についてもう一度整理しておきましょう。少
数点数にはわずかな誤差があることを確認しましょう。

練習5-1
整数型の変数apple、bananaとbasketを準備し、appleとbananaに152
と300を代入しましょう。その後、appleとbananaをたした結果をbasket

に代入し、apple、banana、basketの値をコンソールに書き出しましょう。

練習5-2
文字列"class"と"room"を変数aとbに代入しましょう。そのあとでaとbをたして、その結果を変数cに代入します。最後に変数cをコンソールに書き出すプログラムをつくりましょう。

練習5-3
400×600ピクセルのウィンドウをつくり、println()を使ってwidthとheightの値をコンソールに書き出しましょう。

6 繰り返し

図5-5のように円を何個も繰り返して描く場合を考えてみましょう。

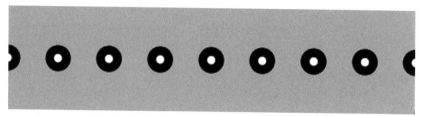

図5-5 繰り返して円を描く

次のように書けばいいですね。

```
1    size(480, 120);
2    strokeWeight(10);
3    ellipse(0, 60, 20, 20);
4    ellipse(60, 60, 20, 20);
5    ellipse(120, 60, 20, 20);
6    ellipse(180, 60, 20, 20);
7    ellipse(240, 60, 20, 20);
8    ellipse(300, 60, 20, 20);
9    ellipse(360, 60, 20, 20);
10   ellipse(420, 60, 20, 20);
```

```
11    ellipse(480, 60, 20, 20);
```

ellipse()が9回繰り返して使われています。このとき、1つ目のパラメータが0からはじまって60ずつ増加しています。他は変化しません。これをもっと簡単に書く方法があります。for（フォー）ループ（loop）を使う方法です。

forループは以下のような形式で書かれます。まずforではじまり、()の中に3つの部分がセミコロン;で区切られています。initの部分は繰り返す数のカウンターとして用いる新しい変数を定義してx=0のように初期化します。testの部分は繰り返しを続けるかどうかを判定します。updateの部分は、カウンターの値を更新します。{}の中に書かれたstatementsの部分が繰り返して実行されるのです。

```
for (init; test; update) {
   statements;
}
```

図5-5では、変数xを繰り返しのカウンターとして定義し、初期値として0を設定します。繰り返しを続けるかどうかの判定としてx<=480、すなわちxが480以下かどうかを調べます。<と>は不等号で、<=は以下を、>=は以上を意味します。xは60ずつ増加して更新されるので、xが0、60、……、480と変化してellipse()を9行繰り返して書いたプログラムコードと同じ結果が得られるのです。

```
1    size(480, 120);
2    strokeWeight(10);
3    for (int x=0; x<=480; x=x+60) {
4      ellipse(x, 60, 20, 20);
5    }
```

7 二重の繰り返し

forループが別のforループの中にある場合は、繰り返しが二重になります。次のプログラムでは、外側のループでまずyを0に設定します。そのまま内側のループのxが0から40、80、120、…………、480と繰り返されて、図5-6 の最上段

の1列の円を描き、内側のループが1回終了します。内側のループが1回終了すると、外側のループのyが更新されて40となり、そのまま内側のループのxがまた0から40、80、120、…………、480と繰り返されて、2段目以降にも1列の円を描くというふうに、プログラムが二重に繰り返されるのです。

```
1    size(480, 120);
2    strokeWeight(10);
3    for (int y = 0; y<=120; y=y+40) {
4      for (int x=0; x<=480; x=x+40) {
5        ellipse(x, y, 20, 20);
6      }
7    }
```

図5-6　二重の繰り返し

練習5-4

600×150ピクセルのウィンドウをつくり、直径20ピクセルの円を30ピクセルの間隔で横に並べて描くプログラムを書いてみましょう。

練習5-5

600×300ピクセルのウィンドウをつくり、直径20ピクセルの円を横の間隔30ピクセル、縦の間隔20ピクセルで縦横に並べて描くプログラムを書いてみましょう。

練習5-6

整数型でboxという名前の要素数が30ある配列をつくって、その中に要素番号の3倍の数値を代入するプログラムを書いてみましょう。できたら、25番目の要素を取り出してコンソールに書き出して確かめてみてください。

Lesson 6
連続して実行されるプログラム

連続して実行されるプログラムを書きましょう。これまでにいくつかのプログラムを書いてきましたが、それらはどれも一度だけ実行されて、一度の実行が終わるとプログラムも終了してしまいます。マウスに反応するプログラムやアニメーションをつくりたいなら、連続して実行されるしくみが必要になるでしょう。ここでは、そのような連続して実行されるしくみと、それに関連したいくつかのテクニックを学びます。

1　draw( )ファンクション

連続して実行されるプログラムを書くには、**draw**（ドロー：描く）という名前のファンクションが必要です。この**draw( )**の中に書いたコードは、停止ボタンを押すか、またはウィンドウを閉じるまで実行が続きます。実行が続くというのは、この中に書いたコードのすべてが毎秒60回のペースで上から順番に繰り返し実行されて、そのたびに画面が書き換えられるということです。毎秒60フレーム（60コマ）といいます。連続的に実行されるとき、それぞれのフレームには番号が付けられ、この番号は**frameCount**（フレームカウント）という変数に保存されます。次のプログラムで確かめてみましょう。

```
1    void draw() {
2      println(frameCount);
3    }
```

draw( )の中というのは、**{** から **}** までの範囲ということです。実行されるたびにフレーム番号がコンソールに出力されるのがわかります。停止ボタンを押すまで実行が続くこともわかりますね。**void**（ボイド）と書く理由についてはあとで説明しますので（P.70）、今はこのように書くのだと理解しておいてください。

60フレームというのはデフォルトの設定ですから、**frameRate**（フレームレート）を使って変更することもできます。例えば毎秒30フレームにしたいなら

`frameRate(30)`とします。毎秒`frameRate(1)`と設定を変更して、もう一度確かめてみましょう。

```
1    void draw() {
2      frameRate(1);
3      println(frameCount);
4    }
```

今度は、とてもゆっくり実行されることがわかります。

2 setup( )ファンクション

一方、一度だけ実行されるしくみも残しておかなければなりません。`setup`（セットアップ：設定）はそのためのファンクションです。この`setup()`ファンクションの中に書いたコードは、`draw()`に書かれたコードを実行する前に一度だけ実行されます。例えば、ウィンドウのサイズを設定するのははじめに一度だけですから、`setup()`の中に書きます。`frameRate()`も一度設定して変更しないなら`setup()`の中に書きます。塗り色も一度設定してそのままにしたいなら、この中です。次のプログラムで確かめてみましょう。

```
1    void setup() {
2      size(480, 120);
3      frameRate(10);
4      fill(0);
5    }
6
7    void draw() {
8      background(255);
9      println(frameCount);
10     ellipse(frameCount, 60, 50, 50);
11   }
```

`size()`、`frameRate()`、`fill()`の設定は`setup()`で行いました。`draw()`ではウィンドウの背景を塗りつぶし、`frameCount`をコンソールに書き

出します。その後、円を描くのですが、1ずつ増加する frameCount を利用して
x座標（パラメータの1つ目）を指定していますからボールが右に移動しているよ
うに見えるのです。次のように変更しても同じように動作します（図6-1）。

```
1    float x = 0.0;
2
3    void setup() {
4      size(480, 120);
5      frameRate(10);
6      fill(0);
7    }
8
9    void draw() {
10     background(255);
11     println(x);
12     ellipse(x, 60, 50, 50);
13     x = x + 1.0;
14   }
```

図6-1　右に移動するボール

　setup() や draw() その他の関数の外側に書いたコードは、最初に実行されます。
ですから、この場合の float x = 0.0 でまず x に 0.0 が代入されます。続いて
setup() が実行されます。これは前述のプログラムと同じです。draw() の中の
円を描くコードでは x が使われています。x = x + 1.0 によって、円を描くたび
に x の値が1ずつ増加しますから、やはりボールが右に移動するように見えるのです。
ところで、この場合の x のような変数をグローバル（global：大域）変数といいま
す。プログラム中のどこにあるコードからも値の読み取りや書き換えが可能です。

練習6-1

480 × 120ピクセルのウィンドウで右端にあったボールが左に動いていくプログラムを書いてみましょう。

練習6-2

480 × 480ピクセルのウィンドウでボールが対角線の方向に斜めに動くプログラムを書いてみましょう。

3　マウスの位置を使う

　マウスの位置は、mouseXとmouseYという名前の変数にいつでも保存されています。mouseXにはマウスのx座標が、mouseYにはy座標が入っているのです。使ってみましょう。

```
1    void setup() {
2      size(480, 120);
3      frameRate(10);
4      fill(0, 10);
5    }
6
7    void draw() {
8      ellipse(mouseX, mouseY, 30, 30);
9    }
```

　このプログラムでは、円を描くとき、その中心座標はmouseXとmouseYを使うとしています。実行すると図6-2のようにマウスを追いかけるように円が描かれます。setup()の中のfill()によって設定した塗り色は0すなわち黒ですが、

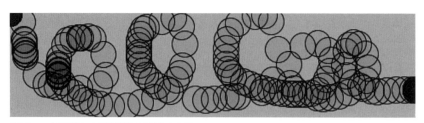

図6-2　マウスを追いかける直径30ピクセルの円

2つ目のパラメータで透明度を10に指定して半透明としています。ですから、マウスを速く移動したところの色は薄く、ゆっくり移動または停止していたところの色は塗りが重なって濃くなります。

練習6-3

マウスの現在の位置と1つ前のフレームにあった位置との距離dは次のように計算できます。dist()は2点間の距離を計算するファンクションだからです。pmouseXとpmouseYは1フレーム前のマウスの位置を保存しています。これを使って図6-3のようにマウスを移動する速さによって円の大きさが変化するプログラムを書いてみましょう。

```
float d = dist(mouseX, mouseY, pmouseX, pmouseY);
```

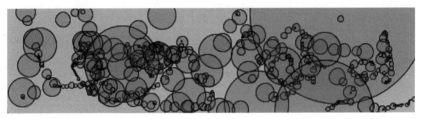

図6-3　マウスのスピードで変わる円の大きさ

4　コントロール

　場合に応じて処理をコントロールできるようにしてみましょう。例えば、もしマウスがウィンドウの上半分の領域にあるなら白色で描き、もしも下半分の領域にあるなら黒色で描くというものです。このように「もし」というのをプログラミングでは、if（イフ：もし）で表現します。このifを使ってコントロールを変更するプログラムを書く前に、まずはifを使わないプログラムを書いてみましょう。次のようなプログラムです。

```
1    void setup() {
2      size(480, 120);
3      background(128);
4      strokeWeight(4);
5    }
```

```
6
7    void draw() {
8      stroke(255, 10);
9      line(mouseX, 0, mouseX, 120);
10   }
```

ウィンドウのサイズは480 × 120ピクセルです。背景はbackground(128)でグレーに設定します。strokeWeight(4)として線の太さを少し太めにしています。draw()では、stroke(255, 10)ですから白色で、透明度を10として半透明の設定をしています。実行してみましょう。

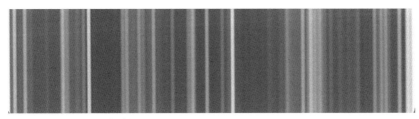

図6-4　マウスの位置に縦線を描く

図6-4のような結果になりますね。マウスをウィンドウ上で移動するとその動きに合わせて縦の線が描かれます。同じ位置でゆっくりしていると塗りが重なって濃い色になりますね。このプログラムに次に示すifのコードを追加しましょう。もしマウスが下半分の領域にあったら、塗り色を黒にするという意味です。

```
if (mouseY > 60) {
  stroke(0, 10);
}
```

これを以下のように追加します。実行すると図6-5のようにマウスのy方向の位置によって色が変化します。

```
1    void setup() {
2      size(480, 120);
3      background(128);
```

```
4       strokeWeight(4);
5    }
6
7    void draw() {
8      stroke(255, 10);
9      if (mouseY > 60) {
10        stroke(0, 10);
11      }
12      line(mouseX, 0, mouseX, 120);
13    }
```

図6-5　マウスの位置によって色が変化する直線

ifの基本的な構造は、次のようになっています。

```
if (test) {
  statements
}
```

追加したコードと比較してください。testの部分はこの例ではmouseY > 60
です。mouseYの値が60より大きいかどうかを評価します。ウィンドウの下半分
にマウスがあれば60より大きいので、その評価はtrue（トゥルー：真）となり、
上半分にあれば60以下となって評価はfalse（フォルス：偽）となります。もし、
その評価がtrueなら{}で囲まれた部分にあるコードを実行します。この例では、
stroke(0, 10)です。ですから、線の色が黒色に変更されます。基本的な構造
のstatementsに相当する部分はこの1行だけですが、一般にこの部分は複数行あ
ってもかまいません。上から順番に処理されます。もし、その評価がfalseなら
この部分は実行されず、}のその次の行が実行されるのです。この例では、

`line(mouseX, 0, mouseX, 120)` が実行されます。ですから、線の色は白のままになります。

5　マウス・クリック

　マウスをクリックするたびにコントロールが変化するようなプログラムを書いてみましょう。プログラムの実行中にマウスのボタンが押されるとProcessing変数である`mousePressed`の値が、`true`となります。これを使ってそのようなプログラムをつくることができるのです。プログラムを書いて試してみましょう。まず、コントロールなしのプログラムからはじめます。

```
1    void setup() {
2      size(480, 120);
3      strokeWeight(20);
4    }
5
6    void draw() {
7      background(0, 0, 255);
8      stroke(255);
9      line(0, 60, 480, 60);
10     line(160, 0, 160, 120);
11   }
```

　実行すると、図6-6のようになります。これに`if`を追加して次のように変更します。

```
1    void setup() {
2      size(480, 120);
3      strokeWeight(20);
4    }
5
6    void draw() {
7      background(0, 0, 255);
8      stroke(255);
```

```
9      if (mousePressed == true) {
10       background(255);
11       stroke(0, 0, 255);
12     }
13     line(0, 60, 480, 60);
14     line(160, 0, 160, 120);
15   }
```

実行するとマウスがクリックされたときだけ**図6-7**のように図と地が反転します。

図6-6　コントロールなし（青色の地に白色の線）

図6-7　クリックで図と地が青色と白色に反転

ifの基本的な構造として次に示すパターンもよく利用されます。

```
if (test_1) {
  statements_1
} else {
  statements_2
}
```

つまり、test_1で**true**と評価されればstatements_1の部分を実行し、そう

でなければ（else：エルス）すなわち false なら statements_2 の部分を実行するというものです。次の例で具体的に試してみましょう。

```
1    void setup() {
2      size(480, 120);
3      background(80, 130, 120);
4      rectMode(CENTER);
5    }
6
7    void draw() {
8      if (mousePressed == true) {
9        fill(230, 220, 30);
10       stroke(1);
11       ellipse(mouseX, mouseY, 20, 20);
12     } else {
13       stroke(4);
14       noFill();
15       rect(mouseX, mouseY, 20, 20);
16     }
17   }
```

この例では、マウスがクリックされれば、塗り色を黄色に、線の太さを1に設定してマウスの示す位置に円を描きます。そうでなければ、つまりマウスがクリックされていなければ線の太さを4にし、塗りつぶさない設定にして正方形を描きます。結果は図6-8のようになるでしょう。なお、rectMode(CENTER) は rect() で長方形を描くとき最初の2つのパラメータを図形の中心とするための設定です。

練習6-4
480×120ピクセルのウィンドウの左側にマウスが入ると赤い円が、右側に入ると緑の円がマウスの位置に描かれるようにプログラムを書いてみましょう。

練習6-5
480×120ピクセルのウィンドウの真ん中に円が描かれるようにプログラムを描い

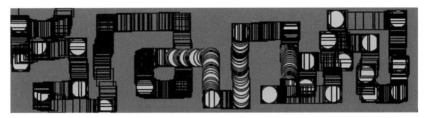

図6-8　elseを使って2つのパターンをコントロール

てみましょう。ただし、マウスをクリックすると赤い円、クリックしないときは白い円となるようにします。

練習6-6

480×120ピクセルのウィンドウでマウスがある位置に円が描かれるようにプログラムを書きましょう。ただし、キーボードの「r」が押されているときは赤い円、「g」が押されているときは緑の円、「b」が押されているときは青い円、キーが押されていないときはグレーの円となるようにします。キーが押されているかどうかは変数keyPressedがtrueかfalseかによって判断できます。キーが押されているとき、そのキーが何かは変数keyに入っている文字で判断できます。

6　フォント

　フォントを操作するプログラムを書いてみましょう。好みのフォントを使いたいなら、まずフォントを選んで使えるように準備しておくことが必要です。ファイルメニューから「新規（New）」を選びクリックしてプログラミングを開始します。メニューバーにある「ツール（Tools）」から「フォント作成（Create Font）」を選んで実行します。すると、図6-9のようなダイアログボックスが表示されます。上のほうにたくさんのフォント候補が表示されています。これらの中から1つをクリックすると、その下にサンプルが表示されます。気に入ったフォントが見つかったなら、「サイズ（Size）」を指定し、「スムーズ（Smooth）」にチェックを入れてOKをクリックします。この「ファイル名（Filename）」を拡張子の.vlwも含めてコピーするか、覚えておいてください。

図6-9 フォントを選ぶ

　ここでは、「Algerian-48.vlw」という名前のフォントを選びました。使っているコンピュータによってフォント候補のリストが異なりますので、好きなフォントを選んでください。このフォントを使って「DESIGN」と書いてみましょう。次のようにプログラムを書きます。

```
1    void setup() {
2      size(480, 120);
3      PFont myfont;
4      myfont = loadFont("Algerian-48.vlw");
5      textFont(myfont);
6      text("DESIGN", 240, 60);
7    }
```

　ウィンドウのサイズに続けて、フォントを保存する変数を宣言しています。PFont myfontです。myfontという名前の変数にロードしたフォントを保存しておきます。この部分がmyfont = loadFont("Algerian-48.vlw")です。

textFont()で使うフォントを設定します。最後のtext（テキスト：文書）で文字を表示します。パラメータは3つあって、1つ目は文字列、2つ目は表示する位置のx座標、3つ目はy座標です。**図6-10**のようになるでしょう。

図6-10　480×120ピクセルのウィンドウに表示された文字列

　中央に書いたはずでしたが、少し右にかたよってしまいました。これは**text()**で指定した座標がデフォルトでは文字列の左下を意味するからです。これを左ではなく中央にするには、**textAlign(CENTER)**を指定する必要があります。これを追加して試してみましょう。

```
1    void setup() {
2      size(480, 120);
3      PFont myfont;
4      myfont = loadFont("Algerian-48.vlw");
5      textFont(myfont);
6      textAlign(CENTER);
7      text("DESIGN", 240, 60);
8    }
```

図6-11　中央に配置された文字列

　今度は**図6-11**のように中央に配置されましたね。**図6-12**のように文字の色を変えるには、**fill()**を使います。試してみましょう。

```
1    void setup() {
2      size(480, 120);
3      PFont myfont;
4      myfont = loadFont("Algerian-48.vlw");
5      textFont(myfont);
6      textAlign(CENTER);
7      fill(200, 10, 10);
8      text("DESIGN", 240, 60);
9    }
```

DESIGN

図6-12　文字の色を赤色に指定する

練習6-7

480×120ピクセルのウィンドウ上でマウスを移動するとそれを追いかけてカラフルなAという文字が表示されるようにしてみましょう（フォントの準備が必要です）。

練習6-8

480×120ピクセルのウィンドウ全面に横50ピクセルで縦25ピクセルの長方形がさまざまな傾きで散らばっている模様を描くプログラムをつくりましょう。カラフルに描くことにも挑戦しましょう。

練習6-9

図6-13のように240×240ピクセルのウィンドウの中央に辺の長さが100ピクセルの正方形を描き、以後15°ずつ回転しながら縮小して、全部で12個の正方形を重ねて描くプログラムをつくりましょう。forループとrotate()を使います。

図6-13　正方形が15°ずつ回転しながら縮小する

Lesson 7

ファンクション（関数）のつくり方

　「ファンクション」と聞くとなんだか難しそうですが、これまでたくさんのファンクションを使ってきました。最初に使ったのは background() でしたね（P.13）。ウィンドウの背景色を指定するファンクションです。( ) の中にパラメータの値を指定しました。background(255) ならウィンドウの背景が白色になりました。background(255, 0, 0) なら赤色です。background(255, 0, 0, 10) も赤色ですが、4つ目のパラメータで透明度を指定しているので半透明です。ellipse() も何度も使いました。楕円を描くファンクションです。パラメータは4つあって、1つ目は円の中心のx座標、2つ目はy座標、3つ目は幅、4つ目は高さでした。このようにファンクションは、一定の機能を持ったプログラムと考えることができます。この機能を利用するには、ファンクションの名前とパラメータの値を指定します。これを「呼び出し」といいます。Processingにはたくさんのファンクションが用意されていて、これらを呼び出し、組み合わせることで、さまざまなプログラムをつくることができるのです。一方、ファンクションは自分でつくることもできます。ここでは、ファンクションのつくり方について学びます。

1　ファンクションをつくる

　練習6-9でつくったプログラムをもとにしてファンクションをつくってみましょう。図6-13のようにウィンドウの中央に正方形を縮小しながら回転して描く図形のプログラムです。いろいろな書き方があるかと思いますが、次に示すのは、その一例です。ここでは、角度の単位を日常で使い慣れている単位の度（°）を使うことにします。そのために15°を radians() というファンクションを使ってProcessingが理解できるラジアン単位に変換しています。これを使ってファンクションにつくり直していきましょう。

```
1    size(240, 240);
2    rectMode(CENTER);
3    translate(120, 120);
```

```
4    int a = 100;
5    for (int i=0; i<12; i++) {
6      rect(0, 0, a, a);
7      rotate(radians(15));
8      a = a - 5;
9    }
```

　まず、この花びらのような模様を描くファンクションの名前を適当に決めましょう。ここでは flower（フラワー：花）とします。ウィンドウの大きさを設定する size() は、setup() の中に書きます。その他は flower() の中に書くことにします。ファンクションを利用することを「呼び出す」ということがありますが、この flower() を呼び出す部分を draw() の中に書きます。

```
1    void setup() {
2      size(480, 480);
3    }
4
5    void flower() {
6      rectMode(CENTER);
7      int a = 100;
8      translate(240, 240);
9      for (int i=0; i<12; i++) {
10       rect(0, 0, a, a);
11       rotate(radians(15));
12       a = a - 5;
13     }
14   }
15
16   void draw() {
17     flower();
18   }
```

　実行してみてください。うまくいきましたか。void flower() からはじまる

部分が模様を描くファンクションです。このフ
ァンクションにはパラメータがありません。
呼び出すといつもtranslate()で指定した
(240, 240)という位置に描くことになりま
す。この位置をあとから指定して好きなところ
に描きたいなら、その位置をパラメータとしな
ければなりません。flower()のかっこの中
にこれらのパラメータを追加します。それら変
数の型は小数点数だと仮定して、float型で
追加します。変数の名前はxとyです。

図7-1　図6-13のプログラムに、座標をパ
ラメータとして追加したflower()

translate(240, 240)の代わりにtranslate(x, y)とします。

```
1    void setup() {
2      size(480, 480);
3    }
4
5    void flower(float x, float y) {
6      rectMode(CENTER);
7      int a = 100;
8      translate(x, y);
9      for (int i=0; i<12; i++) {
10       rotate(radians(15));
11       rect(0, 0, a, a);
12       a = a - 5;
13     }
14   }
```

　この変更に対応して呼び出しも修正します。中心の座標xとyを指定して実行し
てみましょう（図7-1）。

```
16   void draw() {
17     flower(100, 100);
18   }
```

draw()の中で呼び出すときにmouseXとmouseYを使うように書き直せば、図7-2のようにマウスの動きに連動する模様になりますね。このようにファンクションは一度つくっておけば、何度でも繰り返しアレンジして使うことができるのです。

```
16   void draw() {
17     flower(mouseX, mouseY);
18   }
```

色も指定できるといいですね。色を指定するためのパラメータを追加します。名前をclとしましょうか。color clです。この色で塗るためにfill(cl, 10)を追加します。10で半透明とし、輪郭線を灰色にするためにstroke(128)の設定もしました。draw()では、呼び出す前に色を決めています。ここでは青を最大の255にして、乱数をつくるrandom()（ランダム）ですから青系統のさまざまな色が変数cに設定されます。flower()を呼び出すとき、3つ目のパラメータをcで指定します。

```
1    void setup() {
2      size(480, 480);
3    }
4
5    void flower(float x, float y, color cl) {
6      rectMode(CENTER);
7      int a = 100;
8      translate(x, y);
9      fill(cl, 10);
10     stroke(128);
11     for (int i=0; i<12; i++) {
12       rotate(radians(15));
13       rect(0, 0, a, a);
14       a = a - 5;
15     }
16   }
```

```
17
18    void draw() {
19      color c = color(random(255), random(255), 255);
20      flower(mouseX, mouseY, c);
21    }
```

結果は図7-3のようになります。

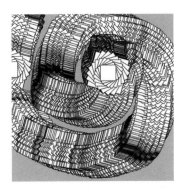

図7-2　マウスに連動するflower()で描く
　　　　花びら

図7-3　青系統の色を0〜255の範囲でラン
　　　　ダムに生成するflower()で描く

2　戻り値のあるファンクション

　もう少しファンクションについて学びましょう。今度は図形を描くのではなく、計算するファンクションについて考えます。三角形の面積を例題としましょう。ファンクションの名前は自由に決めることができますが、ここではarea（エリア：面積）とします。パラメータは底辺の長さと三角形の高さですからファンクションの形は次のようになるでしょう。

```
void area(float a, float h) {

}
```

　aは底辺の長さ、hは三角形の高さとするつもりです。どちらも小数点数であることが一般的だと思われますから、float型としています。面積は底辺の長さ×高さ÷2で計算できますから、コードで示すと、

```
a * h / 2.0;
```

となります。この結果を実数型の変数 s に代入するなら

```
float s = a * h / 2.0;
```

となり、この結果を println(s) でコンソールに出力します。これらを area()
ファンクションの中に以下のように書きます。

```
1    void area(float a, float h) {
2      float s = a * h / 2.0;
3      println(s);
4    }
```

呼び出しは setup() の中に書きます。底辺の長さが100(mm)で三角形の高さ
が60(mm)の三角形の面積を計算したいなら次のようにします。

```
6    void setup() {
7      area(100, 60);
8    }
```

　プログラムの全体は図7-4のようになります。実行してみましょう。3000.0が
コンソールに表示されるでしょう。

　さて、これまでに何度も登場している「void（ボイド）」とは何でしょうか。
さきほどのファンクションは、計算した面積の値を println() でそのままコン
ソールに出力しています。もし、三角形が複数あって、それらの面積の合計を求め
たいなら、その数だけ area() を呼び出し、コンソールに出力された数値を見て
あとで自分で合計を計算しなければなりません。

　複数の計算結果を合算するには、それぞれの計算結果を変数に保存するしくみ
が必要になります。保存するために計算結果 s を呼び出した setup() 側に戻さな
ければなりません。println(s) の代わりに return s と書きます。return（リ
ターン：戻る）は呼び出したところへ計算結果を戻しなさいという意味です。この
場合は s を戻します。

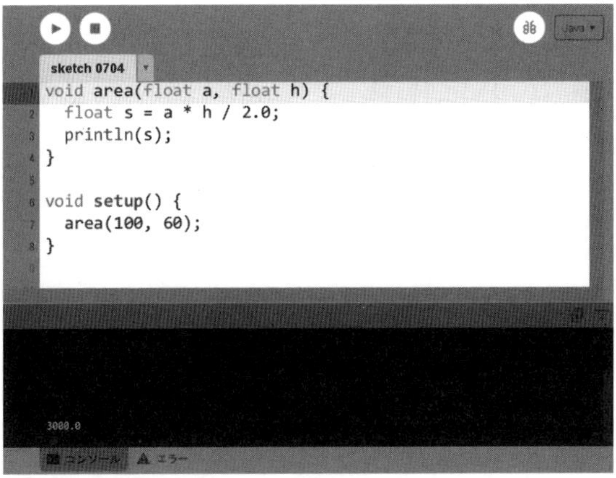

図7-4　三角形の面積を計算する area() ファンクション

　この s のような変数を「戻り値」と呼びます。さきほどのファンクションには戻り値がありませんでした。実は、この戻り値がないということを「void（空）」と書いていたのです（図7-5）。今度は戻り値があって、しかもそれが float 型ですから void area の代わりに float area と書きます（図7-6）。

```
1    float area(float a, float h) {
2      float s = a * h / 2.0;
3      return s;
4    }
5
6    void setup() {
7      float s1 = area(100, 60);
8      float s2 = area(80, 120);
9      float s = s1 + s2;
10     println(s);
11   }
```

　この例では、1つ目の三角形の面積を計算して戻ってきた値を s1 に代入しています。また、2つ目の計算結果を s2 に代入しています。合計を s に代入して、println(s) でコンソールに出力します。結果は、7800.0 ですね。これが戻り値のあるファンクションです。

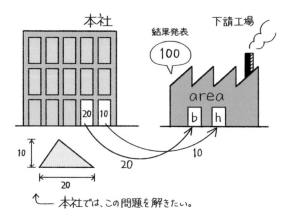

図7-5 戻り値なしの**void**型のファンクション（計算の結果を、仕事〈計算〉の依頼元である本社に戻さない）

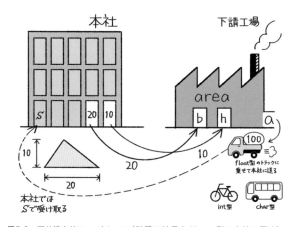

図7-6 戻り値ありファンクション（計算の結果を**float**型で本社に戻す）

練習7-1

三重丸を描くファンクションをつくりましょう。パラメータは、描く位置と外側の円の直径です。1つ内側の円の直径は外側の0.8倍、一番内側は0.5倍です。

練習7-2

長方形の面積を計算するファンクションをつくり、これを使って3つの長方形の面積を計算し、合計をコンソールに出力するプログラムを書いてみましょう。

Lesson 8
オブジェクト指向

　オブジェクト指向プログラミングについて学習しましょう。「オブジェクト指向プログラミング」と聞くと、とても難しそうに聞こえますが、複雑なソフトウェアの開発では、問題を整理して考えシンプルにまとめ上げるのにとても役立つやり方です。シンプルに整理するために、プログラミングの対象を現実世界の物理的なモノ（オブジェクト）に見立て、その振る舞いをプログラミングするのです。

　オブジェクトにはそれぞれ固有のデータ（プロパティ：属性）と手続き（メソッド）があります。オブジェクトの例として自動車を考えてみてください（図8-1）。自動車には固有のデータがあります。例えば、車体の色、エンジンの大きさ、乗車できる人数、速度、進む方向などです。これらをプロパティと呼びます。自動車はさまざまな振る舞いをします。例えば、エンジンをスタートするとか、アクセルを踏んで加速するとか、ブレーキを踏んで減速するとか、右に曲がるとか、停止するとか、さまざまです。このような振る舞いをメソッドと呼ぶのです。自動車という複雑なシステムも、このようなプロパティとメソッドに分解して整理すればシンプルに考えることができるでしょう。

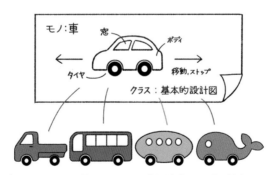

図8-1　ボディの形、マドの形と数、タイヤのサイズなど（プロパティ）を特定すると、個性的な車を種々作成することができる。これらの車は移動、ストップなど（メソッド）の機能を有する。プロパティとメソッドを整理して基本的設計図（クラス）をつくる

　さらに、街の交通システムを考えるなら、自動車というオブジェクトが走り、そ

れが他の自動車と出合ったり、別のオブジェクト、例えば信号機に遭遇したりします。オブジェクト間の相互作用を記述していくことによって交通システムという複雑な事象の全体をつくり上げていくことも可能になります。ここでは、もう少し簡単なボールの運動からはじめてみましょう。

1　ボールの運動

　水平に動く1つのボールを考えましょう。ボールにかかわるさまざまなデータのうち、ここでは大きさを示す半径、位置を示すx座標とy座標、速度と色のデータだけを扱います。まず、これらの値を保存するための変数が必要です。それぞれfloat型のradi、posx、posy、speedxおよびcolor型のclrと名付けます。それぞれ、radius（ラジウス：半径）、position（ポジション：位置）、speed（スピード：速さ）、color（カラー：色）という単語にちなんでいます。

```
float radi, posx, posy, speedx;
color clr;
```

これらに具体的な値を代入するには = を使って

```
radi = 20;
posx = 240;
posy = 60;
speedx = 4;
clr = 255;
```

とすればいいでしょう。これらはウィンドウのサイズや輪郭線の有無とともに、setup()の中にただ1回だけ設定します。

```
1    float radi, posx, posy, speedx;
2    color clr;
3
4    void setup() {
5      size(480, 120);
6      noStroke();
```

```
7        radi = 20;
8        posx = 240;
9        posy = 60;
10       speedx = 4;
11       clr = 255;
12    }
```

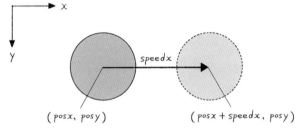

図8-2　ボール位置の変化と変数

　水平方向の移動は**図8-2**のように水平方向の位置posxにspeedxを加えて posxの値を更新し、ボールの新しい位置とします。

```
posx = posx + speedx;
```

次のように書いても同じ意味です。

```
posx += speedx;
```

　その結果、もしも**図8-3**のようにposxがwidth（ウィンドウの右端）を越えて しまったら、speedxの方向を逆向きにします。つまり、ボールを跳ね返らせるの です。現実の世界ではボールが壁を越えることはありません。しかし、一定の時間 間隔を設定しシミュレーションするなら、ちょうど壁にあたるタイミングと時間間 隔が一致することはむしろまれでしょう。ですから少々壁を越えたところを衝突と 考えます。この矛盾を解消するために、posx = width - radiと書いてボー ルの位置を右端に修正しています。posxはボールの中心ですから、正確には posx + radiがwidthに等しくなったときがちょうど右端にぶつかったときで す。ですから、posx + radiがwidthを越えてしまったら跳ね返るとするのが

正確ですね。これには次のように if ステートメントを使います。

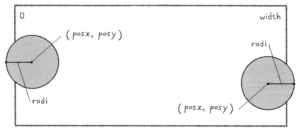

図8-3　壁への衝突とはね返りの位置

```
if (posx + radi > width) {
  speedx = -speedx;
  posx = width - radi;
}
```

　反対に 0（左端）を越えてしまっても speedx を逆向きにし、posx = radi と書いてボールの位置も修正します。

```
if (posx - radi < 0) {
  speedx = -speedx;
  posx = radi;
}
```

　位置が決まったら、円を setup() で設定した半径 radi の2倍のサイズと色 clr で描けばいいわけですから、

```
fill(clr);
ellipse(posx, posy, radi*2, radi*2);
```

とすればいいでしょう。ボールの位置の計算や速度の変更および描画は、一定の時間間隔で繰り返さなければなりませんから draw() の中に書く必要があります。描画の前に background() で背景をグレーに塗りつぶし描画された直前のボールをいったん消すことを忘れてはいけません。したがって、プログラムコードの全

体は次のようになります。実行してみましょう。図8-4のようになりましたか。

```
1    float radi, posx, posy, speedx;
2    color clr;
3
4    void setup() {
5      size(480, 120);
6      noStroke();
7      radi = 20;
8      posx = 240;
9      posy = 60;
10     speedx = 4;
11     clr = 255;
12   }
13
14   void draw() {
15     background(128);
16     posx += speedx;
17     if (posx + radi > width) {
18       speedx = -speedx;
19       posx = width - radi;
20     }
21     if (posx - radi < 0) {
22       speedx = -speedx;
23       posx = radi;
24     }
25     fill(clr);
26     ellipse(posx, posy, radi*2, radi*2);
27   }
```

図8-4　運動する白いボール

2　オブジェクト

　たった１つのボールなら前述のプログラムコードで十分でしょう。しかし２つな
ら、３つなら、もっとたくさんのボールを扱うにはどうすればいいでしょう。こん
なとき、オブジェクト指向という考え方とプログラミングがとても便利です。次の
プログラムでは、ボールをオブジェクトと考えます。ボールの大きさや色、スピー
ドなど固有のデータはプロパティです。ボールには「移動する」「衝突する」「跳ね
返る」などの振る舞いがあります。これはメソッドです。このような特徴を持った
ボールのモデルを、ここでは「ボール（Ball）型」のオブジェクトとして扱います。
オブジェクト指向プログラミングで書き直すと次のようになります。

```
1    Ball b1;                                        ①
2
3    void setup() {
4      size(480, 120);
5      noStroke();                                   ②
6      b1 = new Ball(20, 240, 60, 255, 4);
7    }
8
9    void draw() {
10     background(128);
11     b1.update();                                  ③
12   }
13
14   class Ball {
15     float radi, posx, posy, speedx;              ④
16     color clr;
```

```
17
18     Ball (float r, float x, float y, color c,
              float sx) {
19       radi = r;
20       posx = x;
21       posy = y;
22       clr = c;
23       speedx = sx;
24     }
25
26     void update() {
27       posx += speedx;
28       if (posx + radi > width) {                    ── ④
29         speedx = -speedx;
30         posx = width - radi;
31       }
32       if (posx - radi < 0) {
33         speedx = -speedx;
34         posx = radi;
35       }
36       fill(clr);
37       ellipse(posx, posy, radi*2, radi*2);
38     }
39   }
```

　このプログラムコードを4つの部分(ブロック)に分けて見ることができます。最初のブロックは、ボール型の変数(オブジェクト)b1を用意する部分①です。次のブロックは、setup()の中に書かれたウィンドウのサイズなどを設定して、オブジェクトの実体を生成する部分②です。3つ目のブロックは、draw()の中に書かれた、オブジェクトを更新する部分③です。最後のブロックはボール型のオブジェクトの設計図となる部分④で、クラス(class)と呼ばれます。

　最後のブロック④の「クラス」から見ていきましょう。Ballと名付けたオブジェクトを定義する、つまり設計図であることを

```
class Ball {


}
```

で示しています。キーワードと呼ばれる class は必ず小文字です。クラスの名前は任意ですが Ball のように大文字ではじめるのが一般的です。このかっこ { } の中に設計図となるコードを書いていきます。まず、プロパティです。Ball には大きさ、位置を表す x 座標と y 座標、速さ、色が固有のデータとして備わっています。それぞれ radi、posx、posy、speedx、clr と名付けましょう。はじめの4つは実数 float 型がいいでしょう。したがって、

```
15      float radi, posx, posy, speedx;
```

とします。5つ目の色は color 型です。したがって、

```
16      color clr;
```

とします。次にコンストラクタ（constructor）と呼ばれる部分が続きます。

```
Ball(      ) {


}
```

　このようにコンストラクタは、クラスと同じ名前で定義され、クラスすなわち設計図にしたがってオブジェクトを生成するときの具体的な初期値の設定を目的としています。ここでは、r、x、y、c、sx の各パラメータに渡されたデータを radi = r などと設定して radi、posx、posy、clr、speedx にそれぞれ代入します。クラスには、radi、posx などの具体的な値が設定されていません。コンストラクタを使って具体的な値を代入することで大きさもスピードも異なるさまざまなボールを生成することができるのです。

　クラスには、もう1つ特徴的な部分があります。オブジェクトの振る舞いを記述するメソッドと呼ばれる部分です。この例には update（アップデート：更新）

というメソッドが1つあります。updateでは図8-2（P.75）に示したように水平方向の位置posxにspeedxを加えてposxの値を更新し、ボールの新しい位置を計算します。posx = posx + speedxと書くところですが、P.79のようにposx += speedxと書いても同じです。そしてその結果、もしもボールがwidth（ウィンドウの右端）を越えたら、speedxの方向を逆向きにします。反対に0（左端）を越えてもspeedxの方向を逆向きにします（図8-3）。この操作を2つのifステートメントで行います。最後にfill(clr)で塗り色を設定し、

```
37        ellipse(posx, posy, radi*2, radi*2);
```

で(posx, posy)の位置にサイズradi*2の円を描きます。ここまでがクラスです。もう一度整理すると、クラスはキーワードclassに続いてクラスの名前、{から最後の}までの間にプロパティ、コンストラクタ、メソッドを書いて構成されています。

　最初のブロック①ではクラスで定義したボール（Ball）型のオブジェクトb1を準備します。2番目のブロック②では、ウィンドウのサイズを480×120ピクセルとし、輪郭線なしのnoStroke()を設定しています。次に、1行目でBall型のオブジェクトとするために準備しておいたb1に対して、newというキーワードに続けてコンストラクタを呼び出して、大きさ、位置(x, y)、色、スピードを具体的に指定してオブジェクトを生成します。クラスは設計図ですから、これは設計図にしたがって製品を世の中へ送り出す生産工程と見ることができませんか。なお、具体的な値を与えられて生成されたオブジェクトをインスタンス（instance）と呼ぶことがあります。3番目のブロック③で、draw()の中に書かれたコードは一定の速さ（デフォルトでは毎秒60フレーム）で連続的に実行されますが、このときbackground(128)で背景をグレーにすることですべての画像をいったん消し、b1.update()で水平方向の位置が更新されたボールを描画しますから、ボールが動いて見えるのです。

3　ボールを追加する

　ボールをもう1つ追加するには、どうしたらいいでしょう。ボールの移動や跳ね返りなど、もう1つのボールのためにまたプログラムを書く必要はありません。クラスは設計図のようなものと言いましたが、この設計図を使ってボールをもう1つ、

いや何個でもつくり追加することができます。そのやり方を見てみましょう。まず、1行目に書いたBall型の宣言に変数を追加します。

```
Ball b1, b2;
```

これでb2という名前のボールもつくる準備ができました。続いて、設計図すなわちクラスにもとづいてボール型のオブジェクトを生成します。具体的には、大きさ、位置(x, y)、色、スピードを指定するのです。半径10の黒いボールを(100, 100)の位置からスピード-6でスタートさせてみましょう。ボールb1のオブジェクトを生成したあとに次のように書き加えます。

```
b2 = new Ball(10, 100, 100, 0, -6);
```

これで、2つ目のボールもできました。あとはこれを動かす番です。update()ですね。b2のupdate()を実行したいのですから、draw()の中にb2.update()と書き加えます。

```
b2.update();
```

実行してみましょう。図8-5のようになりましたか。

図8-5　運動する2つのボール

4　300個のボール

300個のボールを描きたいときには配列を使うと便利です。プログラムコードは次のようになります。ここでの変更点はsetup()とdraw()でforループを使っているところです。クラスに変更はありません。

```
1    Ball[] balls = new Ball[300];

2

3    void setup() {
4      size(480, 120);
5      noStroke();
6      for (int i = 0; i < 300; i++) {
7        float r = random(5, 10);
8        float x = random(width);
9        float y = random(height);
10       color c = color(random(255), random(255),
                       random(255));
11       float s = random(-5, 5);
12       balls[i] = new Ball(r, x, y, c, s);
13     }
14   }

15

16   void draw() {
17     background(204);
18     for (int i = 0; i < 300; i++) {
19       balls[i].update();
20     }
21   }

22

23   class Ball {
24     float radi, posx, posy, speedx;
25     color clr;

26

27     Ball (float r, float x, float y, color c, float sx) {
28       radi = r;
29       posx = x;
30       posy = y;
31       clr = c;
```

＊本書掲載のプログラムコードは、スペースの都合で改行しているところがあります（上記のコード10行目など）。
行の終わりを示すのは；（セミコロン）です。

```
32        speedx = sx;
33      }
34
35      void update() {
36        posx += speedx;
37        if (posx + radi > width) {
38          speedx = -speedx;
39          posx = width - radi;
40        }
41        if (posx - radi < 0) {
42          speedx = -speedx;
43          posx = radi;
44        }
45        fill(clr);
46        ellipse(posx, posy, radi*2, radi*2);
47      }
48    }
```

　最初にBall[] balls = new Ball[300]でボール型の配列を定義してい
ます。Ball[]がボール型の配列を準備することを、次のballsが変数の名前を、
300が個数を示しています。setup()の中で、forループを使ってballs[0]か
らballs[299]まで順番に大きさ、位置、色、スピードを決めてオブジェクトを
生成します。このとき、大きさ、位置、色、スピードをrandom()を使ってラン
ダムに設定しているのです。draw()の中では、これら300個のボールのすべてを
1つずつ更新します。実行してみましょう。図8-6のようになります。これにもfor
ループを使います。

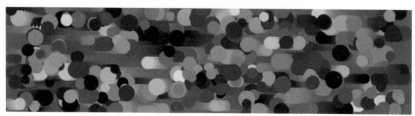

図8-6　300個のボール

5　自由に運動するボール

　これまで、水平に運動するボールを扱ってきましたが、今度はさまざまな方向に運動するボールを考えてみましょう。ついでにupdateというメソッドをmove（ムーブ：移動する）、bound（バウンド：跳ねる）、display（ディスプレー：表示する）の3つに分けて、メソッドについての理解を深めましょう。まず、クラスの部分を次のように修正します。

```
23    class Ball {
24      float radi, posx, posy, speedx, speedy;
25      color clr;
26
27      Ball (float r, float x, float y, color c, float sx,
              float sy) {
28        radi = r;
29        posx = x;
30        posy = y;
31        clr = c;
32        speedx = sx;
33        speedy = sy;
34      }
35
36      void move() {
37        posx += speedx;
38        posy += speedy;
39      }
40
41      void bound() {
42        if (posx + radi > width) {
43          speedx = -speedx;
44          posx = width - radi;
45        }
46        if (posx - radi < 0) {
47          speedx = -speedx;
```

```
48        posx = radi;
49      }
50      if (posy + radi > height) {
51        speedy = -speedy;
52        posy = height - radi;
53      }
54      if (posy - radi < 0) {
55        speedy = -speedy;
56        posy = radi;
57      }
58    }
59
60    void display() {
61      fill(clr);
62      ellipse(posx, posy, radi*2, radi*2);
63    }
64  }
```

　太字で示した部分がおもな変更箇所です。プロパティに縦方向のスピード speedyを追加しました。コンストラクタのパラメータもこの部分が増えています。speedy の初期化も追加されています（33行目）。update()だった部分は、ボールの移動、跳ね返り、表示の３つに分割しました。それぞれ、move()（36行目）、bound()（41行目）、display()（60行目）です。bound()では、上下の壁にぶつかったときの跳ね返りを考慮しなければなりませんので、ifが２つ追加されています。setup()とdraw()も次のように少し修正します。

```
1    Ball[] balls = new Ball[10];
2
3    void setup() {
4      size(480, 480);
5      noStroke();
6      for (int i = 0; i < 10; i++) {
7        float r = random(5, 10);
```

```
8        float x = random(width);
9        float y = random(height);
10       color c = color(random(255), random(255),
                 random(255));
11       float sx = random(-5, 5);
12       float sy = random(-5, 5);
13       balls[i] = new Ball(r, x, y, c, sx, sy);
14     }
15  }
16
17  void draw() {
18    background(128);
19    for (int i = 0; i < 10; i++) {
20      balls[i].display();
21      balls[i].move();
22      balls[i].bound();
23    }
24  }
```

　特に draw() の中に書いたメソッドの呼び出しを見てください。オブジェクトの名前にドット（.）を付けて、それぞれのメソッドを呼び出しています。なお、ボールの数は10個としました。このようにクラスに対してメソッドを定義しておけば、オブジェクトのそれぞれに対してメソッドを呼び出し、図8-7のようなオブジェクトの振る舞いをシミュレーションすることができるのです。ここでは、ボールが別のボールに衝突して互いに反発することについて考えませんでしたが、例えば collide （コライド：衝突する）と名付けたメソッドを追加すれば、ボールとボールの衝突も観察できるようになります。

練習8-1

時計の秒針のような動きをするオブジェクトをつくってみましょう。line() で線を描きます。この線を rotate() で回転します。回転の角度がだんだん増えていけば時計の秒針のようにぐるぐる回るでしょう。オブジェクトをたくさんつくって図8-8のようにしたいのです。クラスの名前をClockhandsとして以下のプログ

ラムをヒントにしてコードを書いてみましょう。

図8-7　自由に運動するボール

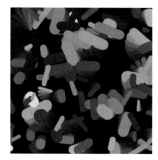

図8-8　秒針のように回るオブジェクト

```
1    class Clockhands{
2      int len; // 針の長さ
3      int weight; // 針の太さ
4      float angle; // 角度
5      float speed; // 回転速度
6      int posx, posy; // 中心の位置 x, y
7      color clr; // 針の色
8
9      Clockhands(int l, int w, float s, int x, int y,
                color c) {
10
11     }
12
13     void update() {
14       angle = angle + speed;
15     }
16
17     void show() {
18
19     }
20   }
```

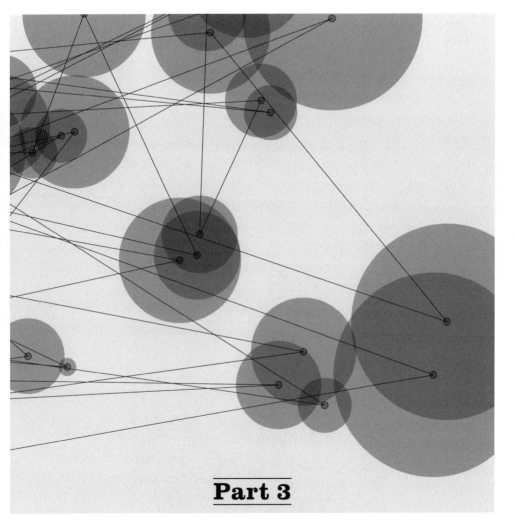

Part 3

描いてみよう

Part 3では、点や直線、曲線、円などさまざまなパターンを観察し、
それらを言葉に置き換えて、さらにプログラミングで表現します。
論理的に考える部分にかたより過ぎることなく、
プログラミングの学習を効果的に進めていけるように計画されています。
プログラミングを通して、観察力、想像力、表現力を
伸ばしていきましょう。

Lesson 9

点

　ペンの先で白い紙を軽く突いて小さなしるしを付けてみましょう。点が描けます。幾何学における点とは、直線や平面とともに幾何学を構成する基本概念で、位置のみがあって大きさのないものと説明されています。ですから、正確にいうとペンで突いたしるしは点ではありません。しかし、ペンで付けた小さなしるしからスタートして、そのままペンを移動すれば線が描けます。線がまっすぐなら直線。曲がっていれば曲線。角を曲がって、曲がって、曲がって、スタートに戻ってくれば四角形が描けます。点を数えきれないほどたくさん描くと、次第に図形が浮かび上がってきます。図形を描くうえで、点は最も基本的な要素の一つなのです。ここでは、点をいろいろな方法で描いてさまざまな模様を表現してみましょう。

1　ランダムな点の集合

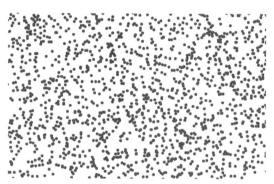

図9-1　ランダムな赤い点の集合

◉ 図を観察してみよう

　図9-1を見てください。どうやって描いたのでしょうか。たぶん、まず白い紙を用意し、ペンを持って、紙にペン先を軽く突いて小さな点を付けたのでしょう。紙全体に点をばらまくように繰り返すと、描くことができそうです。これらを「ランダムな点の集合」と呼びましょう。ランダムとは、法則性がなく、予測が不可能な

状態です。無作為とも同じ意味です。このランダムな点の集合をプログラミングを使って描いてみましょう。

◉ 描く手順を言葉にしてみよう

　描く手順を日本語で箇条書きにしてみましょう。「白い紙を用意し、ペンを持って、紙にペン先を軽く突いて小さな点を付け」といいましたが、もう少し具体的に決めなければならないことがいくつかあります。紙の大きさはどうするか、ペンの色はどうするか、点の位置はどうやって決めるか、点の数はいくつにするか、などなどです。これらのことを考えて次のような箇条書きにまとめてみました。

1. 紙の大きさ、すなわちウィンドウのサイズを 480 × 300 ピクセルとする。
2. 紙の色、すなわち背景色を白とする。
3. 点の色を赤とする。
4. 点の大きさを決める（厳密には点に大きさはないのですが……）。
5. 点の横方向の位置を示す x も縦方向の位置を示す y も、どちらもランダムに設定する。
6. 点を描く。
7. 点の数を決めないで、プログラムを終了するまで点を描き続ける。

◉ プログラムを書いてみよう

```
1    void setup() {
2      size(480, 300);
3      background(255);
4      stroke(255, 0, 0);
5      strokeWeight(5);
6    }
7
8    void draw() {
9      float x = random(width);
10     float y = random(height);
11     point(x, y);
12   }
```

```
13
14   void keyPressed() {
15     if (key == 'p') {
16       saveFrame("0301a_####.png");
17     }
18   }
```

　箇条書きにした手順の1から4ははじめに設定して、その後は変更しないので、`setup()`の中に書きましょう（1〜6行目）。5は点を描くたびに新しい位置を決める必要がありますから、`draw()`の中に書きます。6も`draw()`の中です（8〜12行目）。7も`draw()`を利用することで実現できるでしょう。

　それでは、プログラムの主要な部分を詳しく説明していきます。

2　　　　`size(480, 300);`

　ウィンドウのサイズは、Processingに用意されているファンクション`size()`を使います。2つあるパラメータの1つ目は横幅、2つ目は高さです。

3　　　　`background(255);`

　ウィンドウの背景色は、`background()`で指定します。パラメータが1つの場合と、3つの場合があります。ここでは、1つのパラメータで指定できるモノクロとしています。通常、この値は0から255の間の数を指定します。値が0なら黒、255なら白、その間はグレーです。ここでは、255を指定して白としました。

　パラメータが3つある場合は、カラーを指定できます。1つ目は赤の濃度、2つ目は緑の濃度、3つ目は青の濃度です。レッド、グリーン、ブルーの頭文字をとって「RGB（アールジービー）」と呼びます。これも通常は255までの数値で指定します。

4　　　　`stroke(255, 0, 0);`

　点を描くためのペンの色は、`stroke()`を使います。RGBのうちRだけを255とし、他を0とすれば赤を設定できます。

```
5       strokeWeight(5);
```

strokeWeight()は線の太さや点の大きさを設定します。

以上の設定は一度で済むので、setup()に書いたのです。次はdraw()の中です。

```
9       float x = random(width);
10      float y = random(height);
```

float型のxという変数にファンクションのrandom()で生成した乱数を代入して点の横方向の位置を決めます。random()のパラメータは乱数の範囲です。xは0からウィンドウの幅までの任意の数としたいので、パラメータとしてwidthと書いています。widthは特別な変数（「Processing変数」と呼ばれます）で、ここにはウィンドウの横幅が保存されています。float y = random(height)も同じように点の縦方向の位置を決めます。heightにはウィンドウの高さが保存されているからです。

ここまで準備ができたら最後に点を描きます。

```
11      point(x, y);
```

点はpoint()で描きます。パラメータは点の位置xとyです。

draw()の中に書いたコードは、プログラムを停止するまでずっと実行が続きますから、点がランダムな位置にどんどん増え続けるというわけです。ここまでが、箇条書きにした手順をプログラムとして書き出した部分です。

では、最後のkeyPressed()の部分を説明しましょう。

```
14  void keyPressed() {
15  if (key == 'p') {
16      saveFrame("0301a_####.png");
17   }
18  }
```

このkeyPressed()の中に書かれたコードは、キーボードのキーのどれかが

押されたときだけ実行されます。この例では、キーが押され、もしそのキーが「p」だったらウィンドウに描かれた画像をファイルとして書き出します。書き出すのは`saveFrame`（セーブフレーム：フレームを保存する）の役割ですが、そのときのファイル名を「`0301a_####.png`」としています。`png`（ピング）はファイルの形式で、`####`にはフレーム番号が自動的に割り当てられます。

ここで、Processingにおける座標系を確認しておきましょう。**図9-2**に示すように二次元座標系の原点は特別に指定しないかぎり、ウィンドウの左上隅にあります。横方向をx軸、縦方向をy軸と呼ぶことが習慣となっています。ウィンドウの横幅は`width`という名前の変数に保存されています。ウィンドウの高さは`height`に保存されています。

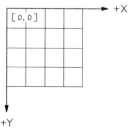

図9-2　二次元座標系

練習9-1
図9-1を描くプログラムを、緑色の点を描くプログラムに変更してみましょう。

練習9-2
同プログラムを、乱数を使ってランダムな色で描かれるプログラムに変更してみましょう。

2　中央にかたよる点の集合

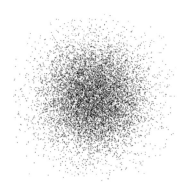

図9-3　中央にかたよる点の集合

◉ 図を観察してみよう

　図9-3を見てください。どのように見えますか。冷たい窓ガラスに息を吹きかけたり、紙にスプレーでペンキをシュッと一吹きしたり、そんな感じです。中央に多くが集中していて、周辺に行くにしたがってまばらになっているのが特徴です。ここでは、これを「中央にかたよる点の集合」と呼びます。このように中央に多くが分布し、周辺に行くにしたがってだんだん分布が少なくなる様子をグラフにしてみると図9-4のようになりますね。このような分布の代表的なモデルに「ガウス分布」というのがあります。名前は難しそうでも、利用するのは簡単ですから安心してください。

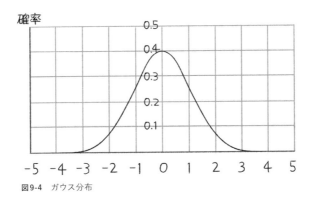

図9-4　ガウス分布

　図9-4に示すガウス分布は、無作為に数値を決めるとき、選ばれる確率が徐々に変化する様子を示していて、中央の選ばれる確率が高く、周辺の選ばれる確率が低いということを表しています。

　一方、「1　ランダムな点の集合」（P.90）では、中央も周辺も確率が一様だったので、一様な確率で無作為に数値を決めるステートメント `random()` を使いました。ガウス分布にしたがって無作為な数値を決めるには、`randomGaussian`（ランダムガウシアン）を使います。

◉ 描く手順を言葉にしてみよう

　ウィンドウの大きさはどうするか、ペンの色はどうするか、点の位置はどうやって決めるか、点の数はいくつにするか、などの手順は「1　ランダムな点の集合」と同じです。違うのは、どこを中心にするかです。スプレーでペンキを吹き付けるとき、どこをねらうか決めますよね。

もう一つの違いは、ガウス分布を使うことです。これらを考えて、描く手順を次のような箇条書きにまとめてみました。

1. ウィンドウのサイズを480×300ピクセルとする。
2. 背景色を白とする。
3. 点の色を黒（デフォルト）とする。
4. 点の大きさを決める。
5. 中心を決める。
6. 点の横方向の位置を示すxも縦方向の位置を示すy、どちらもrandomGaussian()で決める。
7. 点を描く。
8. 点の数を決めないで、プログラムを終了するまで点を描き続ける。

◉ プログラムを書いてみよう

```
1   void setup() {
2     size(480, 300);
3     background(255);
4   }
5
6   void draw() {
7     translate(width/2, height/2);
8     float x = randomGaussian() * 50;
9     float y = randomGaussian() * 50;
10    point(x, y);
11  }
12
13  void keyPressed() {
14    if (key == 'p') {
15      saveFrame("0302a_####.png");
16    }
17  }
```

手順の1から4ははじめに設定して、その後は変更しないので、setup()の中に書きましょう。5もはじめに一度だけ設定するということも考えられますが、今回は毎回決めることにしました。6は点を描くたびに新しい位置を決める必要がありますから、draw()の中に書きます。7もdraw()の中です。8は、draw()を利用することで実現できるでしょう。

　では、詳しく説明していきます。

```
2       size(480, 300);
```

ウィンドウのサイズは、size(480, 300)で設定します。

```
3       background(255);
```

　背景の色は、background(255)で白に設定します。

　点の色は特に設定しませんので、デフォルトの黒ということになります。点の大きさもデフォルトのままです。

```
7       translate(width/2, height/2);
```

　draw()では、まず中心を決めます。これをtranslate()で行います。translate()は、原点の位置を変更するためのファンクションです。パラメータは2つあって、1つ目はx座標、2つ目はy座標です。widthとheightはそれぞれウィンドウの横幅と高さですから、その半分、すなわちウィンドウの真ん中へ原点を移動するということになります。

```
8       float x = randomGaussian() * 50;
9       float y = randomGaussian() * 50;
```

　xとyは点の座標です。これらの変数にrandomGaussian()を使ってガウス分布にしたがう乱数を代入します。こうして生成される乱数は、小数部のあるfloat型ですからxとyはfloatとして宣言しておかなければなりません。ここでは50倍としていますが、これはいろいろと調整してみるといいでしょう。

```
10      point(x, y);
```

　最後に点を描いています。`translate()`から`point()`までが`draw()`の中にありますから、プログラムの実行を停止するまで描き続けて、だんだん濃くなっていくでしょう。

　最後の`keyPressed()`の部分は「1　ランダムな点の集合」と同じです。

練習9-3

図9-3の点の大きさを変更したプログラムを書いてみましょう。

3　直線上に並んだ点

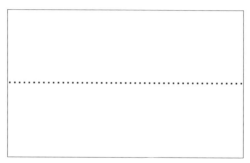

図9-5　直線上に並んだ点

◉ 図を観察してみよう

　図9-5を見てください。点が並んでいますね。もう少し詳しく観察すると、黒い点がウィンドウの上下の中央に横1列に等間隔で並んでいます。これをProcessingで描いてみましょう。

◉ 描く手順を言葉にしてみよう

　今までと同様に、ウィンドウの大きさ、ペンの色、点の位置、点の数を決めていきます。等間隔に繰り返すにはどうしたらいいでしょうか。まず、ウィンドウの大きさは480 × 300ピクセルとしましょう。背景色は白で、点は黒です。点は49個あります。これらを考えて描く手順を次のようにまとめてみました。

　1.　ウィンドウのサイズを480 × 300ピクセルとする。
　2.　背景色を白とする。

3. 点の色を黒（デフォルト）とする。

4. 点の大きさを決める。

5. ウィンドウの上端から150ピクセルの位置の左端に点を描く。

6. 続いて横に10ピクセルだけ移動して点を描く。

7. 6をウィンドウいっぱいまで繰り返して横1列を完成させる。

◉ **プログラムを書いてみよう**

```
1    void setup() {
2      size(480, 300);
3      background(255);
4      strokeWeight(2);
5      noLoop();
6    }
7
8    void draw() {
9      for (int x=0; x<=width; x=x+10) {
10       point(x, 150);
11     }
12   }
13
14   void keyPressed() {
15     if (key == 'p') {
16       saveFrame("0303a_####.png");
17     }
18   }
```

　手順の1から4ははじめに設定して、その後は変更しないので、setup()の中に書きましょう。5から7は横方向の位置を変数xとすればforループを使って表現できます。5の「左端に点を描く」の「左端」というのは、変数xを0に初期設定（init）するということです。forループのかっこの中に書かれたint x=0がこのことを示しています。この設定でy座標が150の位置に点を描けば5を実行できます。6の「横に10ピクセルだけ移動して」というのは、forループに書かれた更新（update）

の部分のx=x+10でいいでしょう。7の「ウィンドウいっぱいまで」というのは、forループのx<=widthと書かれた判定（test）の部分で表現できます。

では、詳しく説明していきます。

```
2       size(480, 300);
```

ウィンドウのサイズは、size(480, 300)で設定します。

```
3       background(255);
```

背景の色は、background(255)で白に設定します。

```
4       strokeWeight(2);
5       noLoop();
```

点の色は特に設定しませんので、デフォルトの黒ということになります。点の大きさは、strokeWeight(2)で少し大きく描くことにします。

1列を描いたらそれ以上の描画は必要ありません。このような場合には、毎秒60フレームとするような設定は必要ありませんから、draw()の実行を1回だけにするためにsetup()でnoLoop()（ノーループ：ループしない）を設定しておきます。

```
9       for (int x=0; x<=width; x=x+10) {
10        point(x, 150);
11      }
```

draw()では、点を等間隔に描くだけです。ウィンドウの上下の中心に1列ですから、点の縦方向の位置yは150です。横幅480ピクセルのウィンドウに49個の点が等間隔で描かれているのですから、間隔は10ピクセルです。点の横方向の位置xは0からはじまって10、20、30…と繰り返し480まで増加します。点を描くとき、y座標を150に固定して、x座標は変数としますから、point(x, 150)と書きます。

10、20、30…という繰り返しは、forループを使って書くことができます。こ

こで、forループの基本形を振り返っておきましょう。基本形は、下記のような形式で書かれます。

```
for(init; test; update) {
  statements;
}
```

init の部分は繰り返す回数を数えるためのカウンターを新しい変数として定義して初期化します。test の部分は繰り返しを続けるかどうかを判定します。update の部分は、その変数の値を更新します。{}の中に書かれた statements のブロックが繰り返して実行されます。

「直線上に並んだ点」のプログラムでは、x が繰り返しのカウンターとして定義され、初期値として 0 が設定されます。繰り返しを続けるかどうかの判定として x<=width すなわちウィンドウの横幅以下かどうかを調べます。< と > は不等号で、<= は以下を、>= は以上を意味します。x=x+10 によって x が 10 ずつ増加するように更新されます。{}の中に書かれた point(x, 150) が繰り返し実行されて「直線上に並んだ点」が完成します。

最後の keyPressed() の部分は「2　中央にかたよる点の集合」（P.94）と同じです。

練習9-4
縦1列に並んだ点を描くプログラムを書いてみましょう。

4　平面に整列した点

図9-6　平面に整列した点

◉ 図を観察してみよう

図9-6を見てください。今度は平面に点が並んでいます。さきほどのやり方を応用するなら、横1列が終了したら左に戻り、その下にもう1列、さらにもう1列と繰り返していけばいいでしょう。

◉ 描く手順を言葉にしてみよう

「3　直線上に並んだ点」（P.98）を参考に、描く手順を箇条書きにしてみると、次のようになります。

1. ウィンドウのサイズを480×300ピクセルとする。
2. 背景色を白とする。
3. 点の色を黒（デフォルト）とする。
4. 点の大きさを決める。
5. ウィンドウの上端の左端に点を描く。
6. 続いて右に10ピクセルだけ移動して点を描く。
7. 6を右端まで繰り返して横1列を完成させる。
8. 横1列が完成したら下に10ピクセルだけ移動し、左端に戻って点を描く。
9. 6から8を繰り返す。

◉ プログラムを書いてみよう

```
1    void setup() {
2      size(480, 300);
3      background(255);
4      strokeWeight(2);
5      noLoop();
6    }
7
8    void draw() {
9      for (int y=0; y<=height; y=y+10) {
10       for (int x=0; x<=width; x=x+10) {
11         point(x, y);
12       }
```

```
13      }
14    }
15
16    void keyPressed() {
17      if (key == 'p') {
18        saveFrame("0304a_####.png");
19      }
20    }
```

　draw()以外は前と同じですから、draw()だけを説明しましょう。forループ
が二重になっています。内側のループだけを取り出してみます。

```
10        for (int x=0; x<=width; x=x+10) {
11          point(x, y);
12        }
```

　これを「3　直線上に並んだ点」と比べてみましょう。さきほどはpoint(x,
150)でしたが、今度は150の代わりに変数yとなっています。例えばyの値が0
の場合なら、この内側のループによってウィンドウの上端に1列の点群を描きます。
yの値が10になれば上端から10ピクセルだけ下がったところに1列の点群を描き
ます。ですから、この1列の点群を描く動作を繰り返せば図9-6を完成すること
ができるでしょう。「1列の点群を描く動作」をyの値を変化させながら繰り返すよ
うにこの内側のループをもう1つのループではさんでこのように書いたのです。

```
9        for (int y=0; y<=height; y=y+10) {
10         for (int x=0; x<=width; x=x+10) {
11           point(x, y);
12         }
13       }
```

　外側のループで縦方向の位置を示すyの値は、まず0に初期化されて、10ピク
セルずつ増加し、heightつまりウィンドウの高さになるまで繰り返されます。

練習9-5

縦横5ピクセルの間隔で整列する点のプログラムに書き換えましょう。

練習9-6

横の間隔が10ピクセルで縦の間隔が5ピクセルの整列した点群を描くプログラム
をつくってみましょう。

5　円周上の点

図9-7　円周上の点

◉ 図を観察してみよう

　図9-7を見てください。点が円周上に並んでいます。これを手描きするなら、ど
うするでしょうか。コンパスで円を下書きしておいて、その上に等間隔で点を置い
ていけばいいでしょう。等間隔にするために、角度0からはじめて、一定の角度で
少しずつ位置を変え、そこに点を描いていく方法もありますね。

◉ 描く手順を言葉にしてみよう

　ウィンドウの大きさは、また480×300ピクセルとしましょう。背景色は白で、
点はデフォルトの黒です。少し大きめの点にします。コンパスで位置を決めて、そ
こに点を描く方法をとりましょう。1周するには0°から360°まで繰り返します。
点の数はn個とします。等間隔にするためには一定の角度で少しずつ位置を変える
ことが必要になりますが、この角度の増分は360°をn等分して決めることができ
ます。円の半径も決めなければなりません。

1. 点の数 n を決める。
2. 円の半径 r を決める。
3. 等間隔にするための角度の増分 dt を計算する。
4. ウィンドウのサイズを 480 × 300 ピクセルとする。
5. 背景色を白とする。
6. 点の色を黒（デフォルト）とする。
7. 点の大きさを決める。
8. ウィンドウの中央に原点を移動する。
9. 角度 t を計算する。
10. 半径と角度 t を使って点の x 座標を r*cos(t) で計算する。
11. 同様に y 座標を r*sin(t) で計算する。
12. (x, y) の位置に点を描く。
13. 9 から 12 を n 回を繰り返す。

◉ **プログラムを書いてみよう**

```
1    int n = 24;
2    float r = 100;
3    float dt = radians(360 / n);
4
5    void setup() {
6      size(480, 300);
7      background(255);
8      strokeWeight(2);
9      noLoop();
10   }
11
12   void draw() {
13     translate(width/2, height/2);
14     for (int i=0; i<n; i++) {
15       float t = i*dt;
16       float x = r * cos(t);
17       float y = r * sin(t);
```

```
18          point(x, y);
19        }
20      }
21
22      void keyPressed() {
23        if (key == 'p') {
24          saveFrame("0305a_####.png");
25        }
26      }
```

では、詳しく説明していきましょう。

```
1       int n = 24;
2       float r = 100;
3       float dt = radians(360 / n);
```

　点の数nは24としました。半径rは100ピクセルです。1周360°をnで割って
等間隔にするための角度の増分dtを計算します。Processingが扱う角度の単位
はラジアンですから、radians()で変換しておく必要があります。
　setup()でウィンドウのサイズと背景色、点の大きさを設定します。点の色は
特に設定しないのでデフォルトの黒ということになります。点を1周だけ描いたら
それ以上の実行は必要ないのでnoLoop()を設定します。

```
13          translate(width/2, height/2);
```

　draw()では、まずtranslate(width/2, height/2)でウィンドウ中央
に原点を移動します。

```
15          float t = i*dt;
16          float x = r * cos(t);
17          float y = r * sin(t);
```

　角度tをi*dtで計算し、続いて点のx座標とy座標を計算します。iは何番目の

直線かを示しています。cos（コサイン）、sin（サイン）についてはAppendix 5（P.229）を参照してください。

```
18      point(x, y);
```

次に**(x, y)**の位置に点を描きます。

```
14      for (int i=0; i<n; i++) {
```

```
19      }
```

角度**t**の計算から点を描くまでの手順をforループで点の数だけ繰り返します。カウンターの**i**を使って点の数を1つずつ数えながら、必要な数だけ繰り返すのです。

6　渦巻き

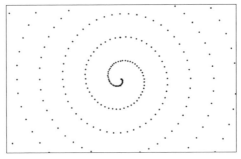

図9-8　渦巻き

◉ 図を観察してみよう

「5　円周上の点」（P.104）を少しだけ変更すると**図9-8**のような渦巻きができます。どのように変更したのでしょう。円周上に点を描くときは半径**r**を固定しています。もし、この半径がだんだん大きくなっていくと**図9-8**のような渦巻きになりますね。

◉ 描く手順を言葉にしてみよう

半径がだんだん大きくなるところが変更点ですので、このプログラムでは、まず変化する半径の初期値を決めておいて、この半径が回転の角度とともに徐々に大き

くなるようにしようと考えました。徐々に増加するというしくみを draw() を使って実装しましょう。

1. 半径 r の初期値を 1 に設定する。
2. 角度 t の初期値を 0 に設定する。
3. 半径 r の増分 dr を 1 に設定する。
4. 角度 t の増分 dt を計算する。
5. ウィンドウのサイズを 480 × 300 ピクセルとする。
6. 背景色を白とする。
7. 点の色を黒（デフォルト）とする。
8. 点の大きさを決める。
9. ウィンドウの中央に原点を移動する。
10. 半径と角度を使って点の x 座標を r*cos(t) で計算する。
11. 同様に y 座標を r*sin(t) で計算する。
12. (x, y) の位置に点を描く。
13. 半径 r を dr だけ増加する。
14. 角度 t を dt だけ増加する。
15. 9 から 14 を繰り返す。

◉ **プログラムを書いてみよう**

```
1    float r = 1;
2    float t = 0;
3    float dr = 1;
4    float dt = radians(360 / 48);
5
6    void setup() {
7      size(480, 300);
8      background(255);
9      strokeWeight(2);
10   }
11
12   void draw() {
```

```
13      translate(width/2, height/2);
14      float x = r * cos(t);
15      float y = r * sin(t);
16      point(x, y);
17      r = r + dr;
18      t = t + dt;
19    }
20
21    void keyPressed() {
22      if (key == 'p') {
23        saveFrame("0305b_####.png");
24      }
25    }
```

では、詳しく説明していきましょう。

```
1     float r = 1;
2     float t = 0;
3     float dr = 1;
4     float dt = radians(360 / 48);
```

　手順の1から4はsetup()とdraw()の外に書きます。こうすることで、まずはじめに4つの設定が行われます。また、その値をsetup()からもdraw()からも参照して利用できるようになります。ここでは点の数を48個とするために、1周360°を48等分して角度の増分としました。

```
7     size(480, 300);
8     background(255);
9     strokeWeight(2);
```

　5から8まではsetup()の中に書きましょう。点の色は特に設定しませんのでデフォルトの黒ということになります。もし、別の色で描きたいなら、ここでstroke()を使って指定することができます。

```
13      translate(width/2, height/2);
```

9の原点を移動するコードはdraw()の中に書きました。

```
14      float x = r * cos(t);
15      float y = r * sin(t);
```

円周上に描いたときと同じようにx座標とy座標を計算します。

```
16      point(x, y);
```

そのxとyを使って点を描きます。

```
17      r = r + dr;
18      t = t + dt;
```

点が描けたら、次の点を描くために半径rと角度tを増加します。この部分が
draw()の中に書かれていますから、実行を停止するまで繰り返されて渦巻きが描
かれていくのです。

実行を続けていると半径がどんどん大きくなって、ウィンドウからはみ出します。
停止ボタンを押して実行を停止しましょう。もし、描いた模様を保存したいなら、
実行中にキーボードの「p」を押します。すると、そのときの画像がファイルとし
て保存されます。

練習9-7
図9-8とは逆に、左回りの渦巻きを描いてみましょう。

7 異なるサイズの点

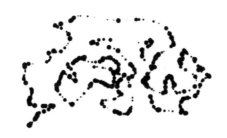

図9-9 異なるサイズの点

◉ 図を観察してみよう

図9-9を見てください。どのように見えますか。小さい点や大きい点が描かれています。よく観察すると連なっているようにも見えます。実は、この模様はマウスを使って描いているのです。ウィンドウ上でマウスを移動するとき、その軌道上に点を描くようにプログラムを書いています。その際、点の大きさがランダムに変化するようにしています。

◉ 描く手順を言葉にしてみよう

はじめにウィンドウのサイズと背景色を設定してから、マウスのある位置に点を描きます。点を描く前にその大きさをランダムに設定すればいいでしょう。描く手順を箇条書きにすると次のようになりますね。

1. ウィンドウのサイズを480 × 300に設定する。
2. 背景色を白に設定する。
3. 点の大きさwを1から10の範囲でランダムに設定する。
4. 描く点の大きさを設定する。
5. x座標がmouseX、y座標がmouseYの位置に点を描く。

◉ プログラムを書いてみよう

```
1    void setup() {
2      size(480, 300);
3      background(255);
```

```
4      }
5
6      void draw() {
7        float w = random(1, 10);
8        strokeWeight(w);
9        point(mouseX, mouseY);
10     }
11
12     void keyPressed() {
13       if (key == 'p') {
14         saveFrame("0306a_####.png");
15       }
16     }
```

では、詳しく説明していきましょう。
setup()でウィンドウのサイズ、背景色を設定します。

```
7        float w = random(1, 10);
```

random()はパラメータが1つのものと2つのものがあります。パラメータが
1つなら0からパラメータの値の範囲、2つならパラメータの1つ目から2つ目の
範囲の乱数をつくってくれます。このプログラムでは、random(1, 10)として1
から10の範囲の乱数を生成します。この乱数は小数部のあるデータですから
float型の変数wに代入します。

```
8        strokeWeight(w);
```

strokeWeight()は点や線の大きさや太さを設定するファンクションです。
パラメータにwを使っていますからランダムな大きさが設定されます。

```
9        point(mouseX, mouseY);
```

point()で描く位置をmouseXとmouseYで指定していますから、マウスの指

し示す位置に点が描かれます。

　これらが draw( ) の中に書かれていますから、プログラムの実行を停止するま
でずっと描き続けることができるのです。

<u>**練習9-8**</u>

マウスをクリックしたときサイズの異なる点が描けるように、プログラムを修正し
ましょう。

Lesson 10
直線

　白い紙にペン先で軽く突いて始点を決め、この点とは別の終点を定めて、そこまでまっすぐにペンを進めると直線が描けます。まっすぐ手で描くには定規を使いますね。幾何学における正確な定義では、これを「線分」と呼びます。正確な意味で直線とは端点を持たないまっすぐな線となっているからです。しかし、ここでは便宜的にこれを直線と呼ぶことにします。プログラミングでは、始点と終点すなわち端点を設定するだけで直線を描くことができるのです。端点をどうやって決めるかによって直線を使ったさまざまなパターンをつくることができるでしょう。

1　並んだ縦の直線

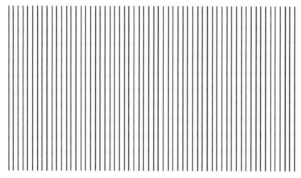

図10-1　並んだ縦の直線

◉ 図を観察してみよう

　図10-1を見てください。縦に描いた直線が、等間隔にたくさん並んでいます。直線を縦に描くためには、始点のx座標と終点のx座標を同じにします。始点と終点のy座標は異なります。等間隔に並べるためには、x座標が等間隔で増加すればいいでしょう。

◉ 描く手順を言葉にしてみよう

　ウィンドウの大きさは、また横が480ピクセルで縦が300ピクセルとします。ペンの色はデフォルトの黒です。まず、一番左の直線を上から下へ描いて、設定した間隔だけ右に移動してまた直線を描きます。これを繰り返してだんだん右に移動していけば図10-1のようなパターンが完成するでしょう。

1. ウィンドウのサイズを480×300ピクセルとする。
2. 背景色を白とする。
3. 点の色を黒（デフォルト）とする。
4. 一番左の直線の始点のx座標を決めてx0とする。
5. 一番左の直線の始点のy座標を決めてy0とする。
6. 一番右の直線の終点のx座標を決めてx1とする。
7. 一番右の直線の終点のy座標を決めてy1とする。
8. 直線の本数nを設定する。
9. 直線の間隔dxを計算する。
10. 直線の始点のx座標を計算してxsとする。
11. 直線の始点のy座標ysにy0を代入する。
12. 直線の終点のx座標xeにxsを代入する。
13. 直線の終点のy座標yeにy1を代入する。
14. 始点xs、ysから終点xe、yeへ直線を描く。
15. 10から14を直線の本数だけ繰り返して完成させる。

◉ プログラムを書いてみよう

```
1    void setup() {
2      size(480, 300);
3      background(255);
4      noLoop();
5    }
6
7    void draw() {
8      float x0 = 40;
9      float y0 = 40;
```

```
10      float x1 = 440;
11      float y1 = 260;
12      int n= 60;
13      float dx = (x1 - x0) / n;
14      for (int i=0; i<n; i++) {
15        float xs = x0 + dx*i;
16        float ys = y0;
17        float xe = xs;
18        float ye = y1;
19        line(xs, ys, xe, ye);
20      }
21    }
22
23    void keyPressed() {
24      if (key == 'p') {
25        saveFrame("0401b_####.png");
26      }
27    }
```

では、詳しく説明していきましょう。

setup()でウィンドウのサイズ、背景色を設定します。必要な本数だけ直線を描いたら実行を停止していいのですからnoLoop()の設定もここに書きます。

```
8       float x0 = 40;
9       float y0 = 40;
10      float x1 = 440;
11      float y1 = 260;
12      int n= 60;
```

draw()では、箇条書きにした手順の4から15を順に書いていきます。一番左の直線の始点のx座標を40と決めてx0に代入します。また、一番左の直線の始点のy座標も40と決めてy0へ代入します。同じように一番右の直線の終点のx座標を440、一番右の直線の終点のy座標を260として、それぞれx1とy1に代入し

ます。これらは小数点数のfloat型です。直線の本数は必ず整数ですからint型です。本数nは60としました。

```
13      float dx = (x1 - x0) / n;
```

間隔はx1とx0の差をnで割って計算しdxに代入します。

```
15      float xs = x0 + dx*i;
```

ここまで準備できたら、n本の直線を繰り返して描きます。始点(start)のx座標はxs = x0 + dx*iで計算できます。iは何番目の直線かを示しています。

```
16      float ys = y0;
17      float xe = xs;
18      float ye = y1;
```

y座標はy0のままです。終点(end)のx座標xeはxsと同じでなければなりません。y座標はy1のまま変化しません。

```
19      line(xs, ys, xe, ye);
```

始点と終点が決まったらline()を使って始点から終点へ直線を描きます。line()のはじめの2つのパラメータは始点のx座標とy座標です。残りの2つは終点のx座標とy座標です。

```
14      for (int i=0; i<n; i++) {
```

```
20      }
```

15行目から19行目の5行のコードを線の数だけ繰り返せばいいのですから、これらをforループの{}で囲みます（14〜20行目）。

◉ ファンクションに置き換えてみよう

「並んだ縦の直線」を描くファンクションをつくりましょう。描く範囲をx0、y0、x1、y1で指定し、さらに直線の本数nを指定すれば、その範囲にn本の縦じまを描くファンクションです。ファンクションの名前をvLines()としましょう。

```
1    void setup() {
2      size(480, 300);
3      background(255);
4      noLoop();
5    }
6
7    void draw() {
8      vLines(40, 40, 440, 260, 60);
9    }
10
11   void vLines(float x0, float y0, float x1, float y1,
                 int n) {
12     float dx = (x1 - x0) / n;
13     for (int i=0; i<=n; i++) {
14       float xs = x0 + dx*i;
15       float ys = y0;
16       float xe = xs;
17       float ye = y1;
18       line(xs, ys, xe, ye);
19     }
20   }
21
22   void keyPressed() {
23     if (key == 'p') {
24       saveFrame("0401b_####.png");
25     }
26   }
```

パターンを描くための主要部分を次のようにファンクションの見出しと{}で囲みます（11〜20行目）。

```
11    void vLines(float x0, float y0, float x1, float y1,
              int n) {
```

```
20    }
```

Lesson 7で学んだように、voidは、ファンクションからの戻り値がないことを示しています。この例の場合には、縦じまを描いたらファンクションの仕事は終了で、呼び出したプログラムにデータを戻すことはありません。このことを「戻り値がない」といい、voidと書くのでしたね（P.71）。ファンクションの名前vLinesを書いて、かっこの中にパラメータを書きます。x0、y0、x1、y1は小数を含む数のfloat型としています。線の本数は整数ですからint型としています。ファンクションで処理したい内容は、{}の中に書きます。

```
8    vLines(40, 40, 440, 260, 60);
```

ファンクションを利用することを「呼び出す」といいますが、この例ではdraw()の中に書いた上記のコードで呼び出します。これによってファンクションの各パラメータに対して順番に具体的な数値を設定します。するとファンクションのパラメータのそれぞれにこれらの数値が割り当てられて、ファンクションに書かれたプログラムが実行されるのです。

練習10-1

線の太さも指定できるファンクションvLines2()をつくりましょう。

2　並んだ横の直線

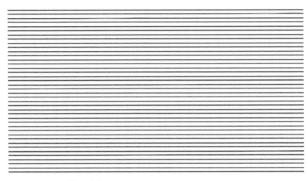

図10-2　並んだ横の直線

◉図を観察してみよう

　図10-2は横に伸びた直線が等間隔に並んでいます。図10-1とは縦と横の関係が逆になっています。さきほど書いたプログラムを参考にして考えましょう。ファンクションの名前はhLinesとします。

◉描く手順を言葉にしてみよう

1.　ウィンドウのサイズを480 × 300ピクセルとする。
2.　背景色を白とする。
3.　点の色を黒（デフォルト）とする。
4.　一番上の直線の始点のx座標を決めてx0とする。
5.　一番上の直線の始点のy座標を決めてy0とする。
6.　一番下の直線の終点のx座標を決めてx1とする。
7.　一番下の直線の終点のy座標を決めてy1とする。
8.　直線の本数nを設定する。
9.　直線の間隔dyを計算する。
10.　直線の始点のx座標xsにx0を代入する。
11.　直線の始点のy座標を計算してysとする。
12.　直線の終点のx座標xeにx1を代入する。
13.　直線の終点のy座標yeにysを代入する。
14.　始点xs、ysから終点xe、yeへ直線を描く。
15.　10から14を直線の本数だけ繰り返して完成させる。

◉ プログラムを書いてみよう

```
1   void setup() {
2     size(480, 300);
3     background(255);
4     noLoop();
5   }
6
7   void draw() {
8     hLines(40, 40, 440, 260, 40);
9   }
10
11  void hLines(float x0, float y0, float x1, float y1,
                int n) {
12    float dy = (y1 - y0) / n;
13    for (int i=0; i<=n; i++) {
14      float xs = x0;
15      float ys = y0 + i*dy;
16      float xe = x1;
17      float ye = ys;
18      line(xs, ys, xe, ye);
19    }
20  }
21  void keyPressed() {
22    if (key == 'p') {
23      saveFrame("0402a_####.png");
24    }
25  }
```

では、詳しく説明していきましょう。

「1　並んだ縦の直線」（P.114）とほとんど同じですが間隔は縦方向ですから、この計算を変更する必要があります。

```
12    float dy = (y1 - y0) / n;
```

間隔をdyとしてこのように、y1とy0の差をnで割って計算します。

```
15    float ys = y0 + i*dy;
```

繰り返しで変化するのはy座標ですからこのように計算できます。iは何番目の直線かを示すカウンターです。

練習10-2
縦横の格子模様を描きましょう。

3　重なった直線

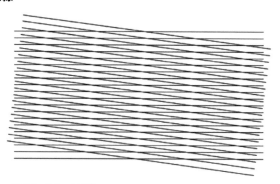

図10-3　重なった直線

◉図を観察してみよう
　図10-3を見てください。どのように見えますか。「2　並んだ横の直線」(P.120)で描いたしま模様と、それが少し傾いたしま模様が重なっています。これを描きましょう。基本は「並んだ横の直線」です。Processingの座標系はウィンドウの真横の右方向にx軸、それに垂直な真下の方向にy軸となっています。これはデフォルトの設定で、これを変更して移動したり回転したりすることもできます。原点の移動にはtranslate()、座標系の回転にはrotate()が使えます。

◉描く手順を言葉にしてみよう
　まず、基本となる「並んだ横の直線」を描きます。次に座標系を回転しておいて

から再び「並んだ横の直線」を描きます。

1. setup()でウィンドウのサイズと背景色、noLoop()の設定をする。
2. draw()で、はじめにtranslate()を使ってウィンドウの中心まで原点を移動する。
3. 「2 並んだ横の直線」（P.119）でつくったファンクションhLines()を使って基本となるしま模様を描く。
4. rotate()を使って座標系を回転する。
5. 回転した座標系にhLines()でしま模様を描く。

◉ プログラムを書いてみよう

```
1    void setup() {
2      size(480, 300);
3      background(255);
4      noLoop();
5    }
6
7    void draw() {
8      translate(240, 150);
9      hLines(-190, -100, 190, 100, 20);
10     rotate(radians(7.5));
11     hLines(-190, -100, 190, 100, 20);
12   }
13
14   void hLines(float x0, float y0, float x1, float y1,
                  int n) {
15     float dy = (y1 - y0) / n;
16     for (int i=0; i<=n; i++) {
17       float xs = x0;
18       float ys = y0 + i*dy;
19       float xe = x1;
20       float ye = ys;
```

```
21        line(xs, ys, xe, ye);
22      }
23    }
24
25  void keyPressed() {
26    if (key == 'p') {
27      saveFrame("0403a_####.png");
28    }
29  }
```

では、詳しく説明していきましょう。

ウィンドウのサイズは、480 × 300 ピクセルです。背景色は白にしました。一度描いたらそれ以上することはありませんから、noLoop() です（1 〜 5 行目）。

8	translate(240, 150);

手順 2 で使う translate() は原点の平行移動をするファンクションでした（P.35）。パラメータは 2 つで、1 つ目は x 座標で 2 つ目は y 座標でしたね。ここではウィンドウの中心に移動したいので、240 と 150 です。

9	hLines(-190, -100, 190, 100, 20);

原点を移動すると、ウィンドウの左上隅の座標は (-240, -150) となりますから、描くしま模様の左上隅の座標はその少し内側の (-190, -100) としましょう。ウィンドウの右下隅は (240, 150) ですから、しま模様の右下隅はやはり、少し内側の (190, 100) とします。この範囲に 20 本のしま模様を描きたいなら、hLines(-190,-100, 190, 100, 20) となるわけです。

10	rotate(radians(7.5));

次は傾いたしま模様を描くために、rotate() で座標系を回転します。回転の角度を 7.5° にしたいのですが、ラジアンに変換しなければなりませんから、このようにしています。

```
11      hLines(-190, -100, 190, 100, 20);
```

　rotate()による回転の中心は原点と決められているので、先にウィンドウの中心に原点を平行移動しておいたのです。この準備をしてからhLines()で「2並んだ横の直線」と同じようにしま模様を描けば、傾いたしま模様となるわけです。

練習10-3
回転の角度も指定できるファンクションhLines2()をつくりましょう。

4　ハッチング

図10-4　ハッチング

◉図を観察してみよう
　図10-4を見てください。今度は正方形の範囲に斜めの平行線が何カ所も描かれています。この一つひとつを「ハッチング」と呼びましょう。いくつも重なった箇所がありますね。ここでは、ハッチングを描くファンクションをつくります。ウィンドウの好きなところをクリックすると、そこにハッチングが1つ描かれるというプログラムにしようと思います。ウィンドウのさまざまな箇所をクリックすると図10-4のようなパターンが完成するというしくみです。

◉描く手順を言葉にしてみよう
　これまでと同様、setup()ではウィンドウの大きさと背景色だけを設定します。Lesson 5で使用したmousePressed()というProcessingに組み込まれているファンクションも使います。mousePressed()はマウスのボタンが押されたと

きに反応するファンクションでしたね（P.43）。マウスが押されると、これから書くhatching()と名付けたファンクションが実行されるというしくみをつくります。hatching()はハッチングする領域の左上隅の位置(x0, y0)と領域の幅w、そして高さhを指定するとその領域に斜線を描くというファンクションです。Processingに用意されている長方形を描くファンクションrect()と似ていますが、四辺で囲むのではなく、斜線を描くのです。それではhatching()を実行するための手順を箇条書きにしていきましょう。

1. setup()でウィンドウのサイズと背景色の設定をする。
2. ハッチングの領域の左上隅のx座標とy座標をそれぞれxsとys（始点）とする。
3. xsとysに幅wと高さhをたしてxeとye（終点）とする。
4. 幅wを10等分してx方向の増分dxとする。
5. 高さhを10等分してy方向の増分dyとする。
6. (xs, ys)から(xe, ye)に直線を描いて対角線とする。
7. この対角線より右上の部分を次のようにして描く。
   7-1. xsはdxずつ増加し、yeはdyずつ減少するように繰り返しのループをつくる。
   7-2. (xs, ys)から(xe, ye)に直線を描く。
8. もう一度、対角線の位置に(xs, ys)と(xe, ye)を戻す。
9. 対角線より左下の部分を次のようにして描く。
   9-1. xeはdxずつ減少し、ysはdyずつ増加するように繰り返しのループをつくる。
   9-2. (xs, ys)から(xe, ye)に直線を描く。

◉プログラムを書いてみよう

```
1   void setup() {
2     size(480, 300);
3     background(255);
4   }
5
6   void draw() {
```

```
7    }

8

9    void hatching(float x0, float y0, float w, float h){

10     float xs = x0;

11     float ys = y0;

12     float xe = x0 + w;

13     float ye = y0 + h;

14     float dx = w/10;

15     float dy = h/10;

16     line(xs, ys, xe, ye);

17     for (int i=0; i<9; i++) {

18       xs = xs + dx;

19       ye = ye - dy;

20       line(xs, ys, xe, ye);

21     }

22     xs = x0;

23     ys = y0;

24     xe = x0 + w;

25     ye = y0 + h;

26     for (int i=0; i<9; i++) {

27       ys = ys + dy;

28       xe = xe - dx;

29       line(xs, ys, xe, ye);

30     }

31   }

32

33   void mousePressed() {

34     hatching(mouseX, mouseY, 100, 100);

35   }

36

37   void keyPressed() {

38     if (key == 'p') {

39       saveFrame("0404a_####.png");
```

```
40      }
41    }
```

では、詳しく説明していきましょう。

setup()ではウィンドウの大きさと背景色だけを設定します。

```
6    void draw() {
7    }
```

draw()には何も書きませんが、毎秒60フレームで実行するために必要です。毎秒60回の間隔でマウスのクリックを監視しています。

```
9    void hatching(float x0, float y0, float w, float h){
```

hatching()のパラメータは4つです。最初の2つが領域の左上隅の位置を示すx座標とy座標です。次の2つは領域の幅と高さです。いずれも小数を含む数のfloat型としました。

```
10      float xs = x0;
11      float ys = y0;
12      float xe = x0 + w;
13      float ye = y0 + h;
```

左上から右下へ対角線を描くための始点xs、ysと終点xe、yeを設定します。

```
14      float dx = w/10;
15      float dy = h/10;
```

次に各辺を10等分するとして、その間隔dxとdyを計算します。

```
16      line(xs, ys, xe, ye);
```

準備ができたら、まずline(xs, ys, xe, ye)で対角線を描きます。

```
17      for (int i=0; i<9; i++) {
18        xs = xs + dx;
19        ye = ye - dy;
20        line(xs, ys, xe, ye);
21      }
```

次は、右上半分です。forループでxsとyeを変化させながら9回繰り返しています。このとき、xeとysは変化しません。

```
26      for (int i=0; i<9; i++) {
27        ys = ys + dy;
28        xe = xe - dx;
29        line(xs, ys, xe, ye);
30      }
```

右上半分が終わったら今度は左下半分です。forループでxeとysを変化させながら9回繰り返しています。このとき、xsとyeは変化しません。

```
33    void mousePressed() {
34      hatching(mouseX, mouseY, 100, 100);
35    }
```

mousePressed()には、ファンクションhatching()の呼び出しが書かれています。マウスボタンをクリックすると、このファンクションが実行されてハッチングが描かれる仕掛けです。x座標としてmouseXを、またy座標としてmouseYを指定していますから、マウスの位置がハッチングの左上隅となるのです。幅と高さは100としました。

keyPressed()では、「p」のキーが押されたかどうかを監視しています。押されると、そのときウィンドウに描かれているパターンをファイルに書き出します。これは、これまでに何度も使ってきましたね。実行してみましょう。ウィンドウの好きなところをクリックするたびにハッチングで描かれた四角形が現れます。

5 ギザギザ

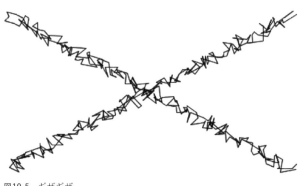

図10-5　ギザギザ

◉ 図を観察してみよう

　図10-5はどのようにして描かれたのでしょう。よく観察してください。4本のギザギザした線が描かれていることがわかりますね。左上から右下へ2本、右上から左下へ2本です。ですから、ギザギザを描くファンクションをつくっておいて、それを4回使えばいいと考えられます。そのギザギザを描くファンクションでは、どことどこを結ぶギザギザなのかを指定できれば都合がいいですね。そういう方針でプログラムをつくりましょう。ギザギザを描くプログラムを**shakeLine()**と名付けることにします。

◉ 描く手順を言葉にしてみよう

　setup()ではウィンドウのサイズと背景色、**noLoop()**の設定をしておきます。**draw()**では、これからつくるファンクション**shakeLine()**を4回呼び出そうと思います。**shakeLine()**はギザギザを1本描くファンクションです。どの位置からはじまって、どこで終わるのか、どのくらい細かいギザギザにするのか、ギザギザの揺れ幅はどのくらいかという情報が必要ですね。どの位置からはじまって、どこで終わるのかは、始点の座標と終点の座標ですから、**(x0, y0)**と**(x1, y1)**とします。ギザギザの細かさは、その2点間の距離を何分割するか、分割数**n**で決まります。ギザギザの揺れ幅は、**−b**から**b**までのように数値で指定することにしましょう。**shakeLine()**は次のようなパラメータを持ったファンクションとなるでしょう。

```
void shakeLine(float x0, float y0, float x1, float y1,
               float b, int n)
```

shakeLine()の手順を箇条書きにしてみます。

1. 描くギザギザの横方向の範囲を(x1-x0)で計算し、分割数nで割って横方
   向の増分dxとする。
2. 同じように、縦方向の増分dyも計算する。
3. ギザギザの始点のx座標x0をxaに代入する。
4. ギザギザの始点のy座標y0をyaに代入する。
5. 揺れ幅(-b, b)の範囲でx方向の揺れuをランダムに決める。
6. 同じようにy方向の揺れvをランダムに決める。
7. x方向の揺れを考慮した次の点のx座標xbを計算する。
8. 同じように、y方向の揺れを考慮した次の点のy座標ybを計算する。
9. (xa, ya)と(xb, yb)を直線で結んでギザギザの一部(セグメント)を描く。
10. xaにxbを、またyaにybを代入して次のセグメントを描く準備をする。
11. 5から10をn回繰り返してギザギザの全体を完成させる。

◉ **プログラムを書いてみよう**

```
1    void setup() {
2      size(480, 300);
3      background(255);
4      noLoop();
5    }
6
7    void draw() {
8      shakeLine(50, 50, 430, 250, 10, 100);
9      shakeLine(50, 50, 430, 250, 10, 100);
10     shakeLine(50, 250, 430, 50, 10, 100);
11     shakeLine(50, 250, 430, 50, 10, 100);
12   }
13
```

```
14    void shakeLine(float x0, float y0, float x1, float
                   y1, float b, int n) {
15      float dx = (x1-x0) / n;
16      float dy = (y1-y0) / n;
17      float xa = x0;
18      float ya = y0;
19      for (int i=1; i<=n; i++) {
20        float u = random(-b, b);
21        float v = random(-b, b);
22        float xb = x0 + dx*i + u;
23        float yb = y0 + dy*i + v;
24        line(xa, ya, xb, yb);
25        xa = xb;
26        ya = yb;
27      }
28    }
29
30    void keyPressed() {
31      if(key == 'p') {
32        saveFrame("0405a_####.png");
33      }
34    }
```

setup()ではウィンドウのサイズ（480×300ピクセル）と背景色（白）を設定しました。一度描いたら、繰り返さないので、noLoop()とします。

では、shakeLine()を詳しく説明しましょう。

```
15      float dx = (x1-x0) / n;
16      float dy = (y1-y0) / n;
```

shakeLine()では、x方向とy方向の増分dxとdyをまず計算します。これがわり算の計算をしているところです。

```
17      float xa = x0;
18      float ya = y0;
```

　始点からこの増分を使ってセグメント（始点と終点を結ぶ直線をn等分した短い線分：部分）を描き、それをn回繰り返せば始点と終点を結ぶギザギザが描けるでしょう。これはshakeLine()の基本的な考え方です。セグメントの両端を(xa, ya)と(xb, yb)としています。一番はじめのセグメントの(xa, ya)は(x0, y0)ですね。ですからこのように初期化しているのです。

```
float xb = x0 + dx*i;
float yb = y0 + dy*i;
```

　もしも、揺れのない直線をセグメントの連続で描くなら(xb, yb)は上のように計算できるでしょう。x方向の揺れとy方向の揺れuとvをランダムに計算しておけば、(xb, yb)はさらに(u, v)をプラスして次のようになります。

```
22      float xb = x0 + dx*i + u;
23      float yb = y0 + dy*i + v;
24      line(xa, ya, xb, yb);
```

　(xa, ya)と(xb, yb)を直線で結んでセグメントを描くにはline()を使います。

```
25      xa = xb;
26      ya = yb;
```

　このセグメントの終わりは次のセグメントのはじまりですから、この入れ替えをします。セグメントをn回繰り返して描けばギザギザの完成です。繰り返しのためにforループを使っています。

練習10-4

shakeLine()を使って長方形（のような形）を描きましょう。

Lesson 11

直線と点

　直線と点を組み合わせて描くことに挑戦しましょう。点と直線という性格の異なるものが組み合わされると、何か意味を持っているかのように感じられるかもしれません。

1　平行線と点

図11-1　平行線と点

◉ 図を観察してみよう

　図11-1はいったい何を意味しているのでしょう。音符にも似ています。何かのスイッチかもしれません。ICチップに描かれたパターンにも見えてきます。これを描いてみようと思います。マウスでウィンドウをクリックすると、そこに点と、長さと方向がランダムに決定された鉛直線[1]が描かれるpoint_and_line()という名前のファンクションをつくりましょう。point_and_line()は次のようなパラメータxとyを持ったファンクションとなるでしょう。

```
void point_and_line(float x, float y)
```

---

1) 重力の方向を示す直線。重りを付けた糸を垂らしたときの糸が示す直線。

◉ 描く手順を言葉にしてみよう

point_and_line() は、点の位置を示すx座標とy座標を与えると、そこに点を描きます。さらに、真下か真上に長さの不定な直線を描きます。

1. 点を描く位置であり直線の始点である (x0，y0) を決める。
2. 直線の終点 (x1，y1) のうち、x1 は x0 と同じで、y1 はランダムに決める。
3. 始点 (x0，y0) に点を描く。
4. (x0，y0) から (x1，y1) へ直線を描く。

◉ プログラムを書いてみよう

```
1    void setup() {
2      size(480, 300);
3      background(255);
4    }
5
6    void draw() {
7    }
8
9    void point_and_line(float x, float y) {
10     float x0 = x;
11     float y0 = y;
12     float x1 = x;
13     float y1 = y + random(-100, 100);
14     strokeWeight(6);
15     fill(0);
16     ellipse(x0, y0, 10, 10);
17     line(x0, y0, x1, y1);
18   }
19
20   void mousePressed() {
21     point_and_line(mouseX, mouseY);
22   }
```

```
23
24   void keyPressed() {
25     if (key == 'p') {
26       saveFrame("0501a_####.png");
27     }
28   }
```

では、詳しく説明していきましょう。

setup()ではウィンドウのサイズと背景色を設定します。noLoop()は必要ありません。6行目のdraw()には何も書きませんが、毎秒60フレームでプログラムを実行し、マウスがいつどこでクリックされるかを監視するために必要です。

```
10     float x0 = x;
11     float y0 = y;
```

point_and_line()というファンクションのパラメータは、x座標とy座標です。これらの値をx0とy0に代入します。(x0, y0)は点を描く位置であり、直線を描くための始点です。

```
12     float x1 = x;
```

直線は真下または真上に描かれるとしていますから、終点のx座標はx0と同じです。ですからこのように書きます。

```
13     float y1 = y + random(-100, 100);
```

終点のy座標は始点の位置からランダムな長さだけ離れたところになります。真下なら正の数で真上なら負の数です。この距離をランダムに決めて、y1を計算します。100という値は適当に調節してかまいません。

```
14     strokeWeight(6);
15     fill(0);
```

```
16      ellipse(x0, y0, 10, 10);
17      line(x0, y0, x1, y1);
```

線の太さと色を設定し、点と直線を描きます。

```
20    void mousePressed() {
21      point_and_line(mouseX, mouseY);
```

マウスがウィンドウ上でクリックされると、mousePressed()の中に書かれたpoint-and-line()が呼び出されて、そのたびに点と線が描かれます。

練習11-1
横方向の平行線と点に変更しましょう。

2 ネットワーク

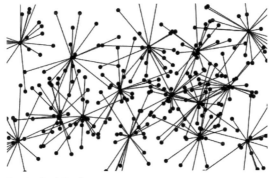

図11-2　ネットワーク

◉図を観察してみよう

図11-2を見てください。どうなっていますか。よく見ると、中心にある点から放射状に伸びる線の先に点があることがわかります。ある種のネットワークのようにも火花のようにも見えます。これがウィンドウのあちこちにばらまかれているのです。ウィンドウのどこかをクリックすると、そこに放射状に伸びるネットワークが描かれる、そういうプログラムをつくりましょう。

◉描く手順を言葉にしてみよう

図11-2のように、ネットワークのような火花のようなパターンを描くファンクションを firework() と呼びましょう。firework() は中心点の座標 (x0, y0) と線の長さの上限Rを与えると、ランダムな長さや方向を持った枝のような直線が伸びるファンクションです。firework() は次のようなファンクションとなるでしょう。

```
void firework(float x0, float y0, float R)
```

firework() の手順を箇条書きにしてみます。

1. 中心 (x0, y0) に点を描く。
2. 枝の伸びる方向（角度）をランダムに決める。
3. 上限をRとして枝の長さをランダムに決める。
4. 角度と長さから枝先の位置を示すx座標を計算する。
5. 同じようにy座標を計算する。
6. 枝先に点を描く。
7. 中心と枝先を結ぶ線を描く。
8. 2から7を繰り返してネットワークのようなパターンを完成させる。

◉プログラムを書いてみよう

```
1    void setup() {
2      size(480, 300);
3      background(255);
4    }
5
6    void draw() {
7    }
8
9    void firework(float x0, float y0, float R) {
10     fill(0);
11     ellipse(x0, y0, 6, 6);
```

```
12    for (int i=0; i<21; i++) {
13      float t = radians(random(0, 360));
14      float r = random(R);
15      float x = x0 + r*cos(t);
16      float y = y0 + r*sin(t);
17      ellipse(x, y, 6, 6);
18      line(x, y, x0, y0);
19    }
20  }
21
22  void mousePressed() {
23    firework(mouseX, mouseY, 100);
24  }
25
26  void keyPressed() {
27    if (key == 'p') {
28      saveFrame("0502a_####.png");
29    }
30  }
```

firework()を詳しく説明していきましょう。

```
11      ellipse(x0, y0, 6, 6);
```

ファンクションのパラメータ(x0, y0)の位置に点を描きます。点と呼んでいますが、少し大きく描きたいのでellipse()で円を描くことにします。

```
13      float t = radians(random(0, 360));
```

枝の伸びる方向はランダムな角度tで設定します。tは0°から360°の範囲のどれかとなります。ラジアン単位に変換することも忘れてはいけません。

```
14      float r = random(R);
```

枝の長さ r もランダムに設定します。R は上限です。

```
15      float x = x0 + r*cos(t);
16      float y = y0 + r*sin(t);
```

枝先の座標 (x, y) は三角関数（P.229）を使って計算します。このとき、中心の座標 (x0, y0) に加算する必要があります。

```
17      ellipse(x, y, 6, 6);
```

(x, y) に点を描きます。少し大きな点にしたいので、ここでも ellipse() を使います。

```
18      line(x, y, x0, y0);
```

中心から枝先に直線を描きます。これを for ループで繰り返してネットワークのようなパターンを完成させます。繰り返しの数は枝の本数です。22 行目以降は、「1 平行線と点」と同じ考え方です。

練習11-2
同様のパターンで先端の点にランダムな色を付けましょう。

3 迷走する点

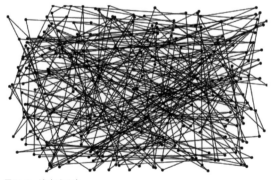

図11-3 迷走する点

◉ 図を観察してみよう

図11-3を見てください。たくさんの直線と点が描かれているようですが、実は全部つながっています。ある位置から出発して、ウィンドウの中のどこか適当な位置に飛び移ります。そこからまた別な場所に飛び移り、これを繰り返します。図11-3には迷走の軌跡が点と線となって描かれているのです。

◉ 描く手順を言葉にしてみよう

迷走の軌跡を描くプログラムをつくりましょう。迷走はウィンドウの中心からはじめるとします。draw()に迷走のプログラムを書いて、実行が開始されると停止するまでずっと迷走し続けるようにしましょう。迷走の軌跡を描く部分を言葉にしてみましょう。

1. ウィンドウの中心に原点を移動し、そこを迷走の開始点(x0, y0)とする。
2. (x0, y0)に点を描く。
3. 次に飛び移る点のx座標をランダムに決めてx1とする。
4. 同じように飛び移る点のy座標のy1を決める。
5. (x0, y0)から(x1, y1)へ直線を描く。
6. x0にx1を、y0にy1を代入して次の飛び移りと描画の準備をする。

◉ プログラムを書いてみよう

```
1    float x0, y0;
2
3    void setup() {
4      size(480, 300);
5      background(255);
6      x0 = 0;
7      y0 = 0;
8    }
9
10   void draw() {
11     translate(width/2, height/2);
12     fill(0);
```

```
13    ellipse(x0, y0, 4, 4);
14    float x1 = random(-width/2, width/2);
15    float y1 = random(-height/2, height/2);
16    line(x0, y0, x1, y1);
17    x0 = x1;
18    y0 = y1;
19  }
20
21  void keyPressed() {
22    if (key == 'p') {
23      saveFrame("0503a_####.png");
24    }
25  }
```

では、詳しく説明していきましょう。

1行目にx0とy0を定義しています。このようにsetup()やdraw()その他の関数の外で定義した変数をグローバル変数というのでしたね（P.53）。これらはどこからでも参照や書き換えができるのでした。setup()ではウィンドウのサイズと背景の色を設定し、迷走の開始点の座標を(0, 0)に初期設定します。

```
11    translate(width/2, height/2);
```

draw()では、まずウィンドウの中心に原点を移動します。

```
12    fill(0);
```

塗り色を黒に設定しています。

```
13    ellipse(x0, y0, 4, 4);
```

点の代わりに円を描きます。

```
14    float x1 = random(-width/2, width/2);
```

```
15        float y1 = random(-height/2, height/2);
```

飛び移る点のx座標x1をランダムに決定します。このとき、xの範囲はウィンドウの幅の半分を意味するwidth/2を使って(-width/2, width/2)とします。yも同じようにウィンドウの高さの半分を意味するheight/2を使ってランダムに決定します。

```
16        line(x0, y0, x1, y1);
```

(x0, y0)から(x1, y1)へ直線を描きます。

```
17        x0 = x1;
18        y0 = y1;
```

飛び移った(x1, y1)は次のステップでは出発点となりますから、(x0, y0)を更新します。draw()の中に書いた一連の動作が繰り返されて迷走が続きます。

ここでも、ウィンドウに描かれた画像は、keypressed()の中に書かれたsaveFrame()でキーボードのどれかが押されるたびにファイルとして保存されます。

Lesson 12

曲線

　曲線へ進みましょう。鉛筆で曲がった線を描くのは、定規で直線を描くよりもっと前から、誰でもやったことがあるでしょう。しかし、プログラミングでこれを描くのは、ちょっとだけ難しいのです。まずはコンパスを使って描くように、円弧からはじめようと思います。次に、sin（サイン）波とcos（コサイン）波を描きます。そして、もっと自由な曲線へと挑戦していきましょう。

1　円弧

図12-1　円弧

◉ 図を観察してみよう

　図12-1を見てください。水たまりに落ちた雨つぶが波紋を描いているように見えませんか。一見すると円が描かれているように見えますが、途切れ途切れの円弧です。円のようにも見えるのは、同じ中心で何度も円弧を描いているからでしょう。ときどき中心の位置を変えることで、あちこちに波紋が広がっているのです。円弧を描くためには、どこに描くか、つまり中心をどこにするかを決めなければなりません。次に半径です。さらに、どの方向からどの方向までに円弧を描くのかを決めることが必要です。中心はマウスの位置にしましょう。半径と方向は、ランダムに決定することにしましょう。このような機能を持ったファンクションを`myArc()`

と名付けることにして、その手順を言葉で箇条書きにします。

◉ 描く手順を言葉にしてみよう
myArc( )は、描く円弧の中心と最大半径を与えると、半径と方向をランダムに
設定して円弧を描くファンクションです。

1. 線の太さと塗りつぶさない設定をする。
2. 半径をランダムに決める。
3. はじまりの方向を指定するための角度をランダムに決める。
4. 終わりの方向を指定するための角度をランダムに決める。
5. 円弧を描く。

◉ プログラムを書いてみよう

```
1    void setup() {
2      size(480, 300);
3      background(255);
4      frameRate(10);
5    }
6
7    void draw() {
8      myArc(mouseX, mouseY, 200);
9    }
10
11   void myArc(float x, float y, float R) {
12     strokeWeight(1);
13     noFill();
14     float r = random(R);
15     float t0 = radians(random(0, 360));
16     float t1 = t0 + radians(random(90, 180));
17     arc(x, y, r*2, r*2, t0, t1);
18   }
19
```

```
20   void keyPressed() {
21     if (key == 'p') {
22       saveFrame("0601a_####.png");
23     }
24   }
```

では、詳しく説明していきましょう。

setup()ではウィンドウのサイズと背景色を設定し、さらにframeRate()を毎秒10フレームに設定します。これは、ゆっくり描画するための設定です。

```
8      myArc(mouseX, mouseY, 200);
```

draw()ではmyArc()を呼び出します。このとき、mouseXとmouseYと書くことでマウスの位置が円弧の中心となります。また、3つ目のパラメータで最大半径を指定します。

```
11   void myArc(float x, float y, float R) {
```

ファンクションmyArc()のパラメータは3つです。1つ目は中心のx座標、2つ目はy座標、3つ目は最大半径です。

```
12     strokeWeight(1);
13     noFill();
```

ファンクションstrokeWeight()を呼び出し、まず線の太さを1に設定し、noFill()で塗りつぶさない設定もします。もしnoFill()を設定しなければ、arc()で描く円弧は扇形に塗りつぶされてしまいます。

```
14     float r = random(R);
```

random()で半径をランダムに設定します。このとき、パラメータのRで半径の最大値を与えます。

```
15      float t0 = radians(random(0, 360));
```

次は円弧を描きはじめる方向を角度で設定する部分です。0°から360°の範囲でランダムに決定し、ラジアンに変換してからt0に代入します。

```
16      float t1 = t0 + radians(random(90, 180));
```

円弧の開角を90°から180°の範囲でランダムに決定し、この値をt0に加えて円弧を書き終える方向t1を計算します。

```
17      arc(x, y, r*2, r*2, t0, t1);
```

Processingに用意されているファンクションarc()は円弧を描くもので、中心の座標xとy、横幅と高さ（完全な楕円を想定したときの）、はじまりの方向と終わりの方向がパラメータです。

◉ プログラムを変更してみよう（両端に点を付ける）

今度は、図12-2のように両端に点を付けてみましょう。太字で示した部分が追加変更したコードです。ファンクションの名前はmyArc2と改めました。マウスのボタンが押されたときにmyArc2が呼び出されます。

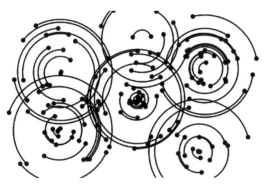

図12-2　円弧の両端に点

```
1    void setup() {
2      size(480, 300);
3      background(255);
4      frameRate(10);
5    }
6
7    void draw() {
8    }
9
10   void myArc2(float x, float y, float R) {
11     strokeWeight(2);
12     noFill();
13     float r = random(R);
14     float t0 = radians(random(0, 360));
15     float t1 = t0 + radians(random(90, 180));
16     arc(x, y, r*2, r*2, t0, t1);
17     ellipse(x+r*cos(t0), y+r*sin(t0), 6, 6);
18     ellipse(x+r*cos(t1), y+r*sin(t1), 6, 6);
19   }
20
21   void mousePressed() {
22     myArc2(mouseX, mouseY, 100);
23   }
24
25   void keyPressed() {
26     if (key == 'p') {
27       saveFrame("0601b_####.png");
28     }
29   }
```

練習12-1

図12-1を描くプログラムのうちnoFill()を削除し、代わりにfill(0, 255, 0, 64)に変更してみましょう。

2　sin（サイン）とcos（コサイン）

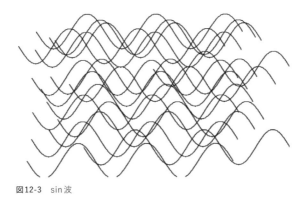

図12-3　sin波

◉ **図を観察してみよう**

　学校で三角関数を習いましたか。sin（サイン：正弦関数）やcos（コサイン：余弦関数）です。好きな人は少ないかもしれません。どうしても嫌悪感を覚えるという人は、このセクションをスキップしてもそれほど問題はありません。ここでは、sin関数を使って**図12-3**のような曲線を描くことに挑戦しましょう。正確には細かな直線（セグメント）でつないでいって曲線のように見える線を描こうと思います。**図12-3**にはたくさんのsin波が描かれていますが、これからつくるプログラムでは基本的なsin波を1本描くファンクションをつくっておいて、マウスでクリックした位置からsin波が伸びるようにします。

◉ **描く手順を言葉にしてみよう**

　sin波を描くときには、決めておかなければならない4つの数値があります。どこから描くかのx座標とy座標、山や谷の深さを示す振幅、そして山や谷の数です。これらをそれぞれ$x0$、$y0$、a、nとして手順を考えましょう。細かな直線、セグメント（segment：一片）をつないで曲線に見えるように描くことも忘れないでください。

1. sin波を描きはじめる点の座標$x0$と$y0$をセグメントの始点xpとypに代入する。
2. 変数tにnをかけて角度を計算する。
3. セグメントの終点のx座標xcを、$x0$にtを加えて求める。
4. セグメントの終点のy座標ycを、$y0$に$sin()$を加えて求める。

5. (xp，yp)と(xc，yc)を線でつなぐ。

6. 次のセグメントを描くために、今描いたセグメントの終点を次のセグメントの始点(xp，yp)へ代入する。

7. 2から6をt=0から360まで繰り返してn周期のsin波を完成させる。

◉ プログラムを書いてみよう

```
1    void setup() {
2      size(480, 300);
3      background(255);
4    }
5
6    void draw() {
7    }
8
9    void sinCurve(float x0, float y0, float a, int n) {
10     float xp = x0;
11     float yp = y0;
12     for (int t=0; t<=360; t++) {
13       float rad = radians(n*t);
14       float xc = x0 + t;
15       float yc = y0 + a * sin(rad);
16       line(xp, yp, xc, yc);
17       xp = xc;
18       yp = yc;
19     }
20   }
21
22   void mousePressed() {
23     sinCurve(mouseX, mouseY, 30, 3);
24   }
25
26   void keyPressed() {
```

```
27    if (key == 'p') {
28      saveFrame("0602a_####.png");
29    }
30  }
```

では、詳しく説明していきましょう。

setup()ではウィンドウのサイズと背景色を設定しています。draw()には何も書きません。

```
9   void sinCurve(float x0, float y0, float a, int n) {
```

言葉にした手順をsinCurve()というファンクションにまとめました。パラメータは4つですからこのように書きます。

```
12    for (int t=0; t<=360; t++) {
```

このプログラムでは、変数tをforループで0°から360°まで繰り返すと考えています。増分のところをt++と書いています。t++はt = 1+1と同じですからtは1°ずつ増加します。

```
13   float rad = radians(n*t);
```

nに変数tをかけます。n=1なら1周期（波の数）、n=2なら2周期ということになります。上のようにすると、radians()が角度をラジアン単位に変換してくれます。

```
14    float xc = x0 + t;
15    float yc = y0 + a * sin(rad);
```

セグメントの終点のxcはx0にtを加えて計算します。振幅aと角度radを使ってsin()の計算をし、これにy0を加えてセグメントの終点のycを計算します。

```
16    line(xp, yp, xc, yc);
```

セグメントの両端が決まったら線で結びます。

```
17        xp = xc;
18        yp = yc;
```

　次のセグメントを描くために、始点 (xp, yp) を更新します。ここまでを繰り
返してセグメントをつないでいくと sin 波が完成するのです。

```
23        sinCurve(mouseX, mouseY, 30, 3);
```

　mousePressed( ) にはこのように書いてはじまりの位置をマウスで指定して
いますから、マウスのボタンが押されるたびに、その位置から sin 波がスタートし
ます。振幅は 30 で波の数は 3 としましたが、これらの値を変更すると振幅や波数
が変化します。

<hr>

練習 12-2
振幅と波の数をいろいろ変えて試してみましょう。

3　自由曲線

図12-4　自由曲線

◉図を観察してみよう

　紙にペンでフリーハンドで描くように、自由な曲線を描きたいと思います。図
12-4 のような曲線です。この図には説明のために山や谷の部分に小さな円を加え
数字を添えて描いています。このような山や谷を指定すると曲線が 1 本描かれるよ
うにプログラムをつくっていきましょう。この例では、9 つの点を指定します。点
の位置を示す x 座標と y 座標のデータはそれぞれ配列に保存しておくことにします。

◉ 描く手順を言葉にしてみよう

1. 点の x 座標を配列に保存する。
2. 点の y 座標を配列に保存する。
3. setup() でウィンドウのサイズと背景色、noLoop() の設定をする。
4. 9つの点の位置に円でしるしを付ける（この部分を削除してもかまいません）。
5. 8つのセグメントに分けて曲線を描く。

◉ プログラムを書いてみよう

```
1   float[] Xp = {32, 80, 128, 200, 240, 272, 320, 368,
                  448};
2   float[] Yp = {130, 160, 105, 180, 100, 165, 100,
                  180, 120};
3
4   void setup() {
5     size(480, 300);
6     background(255);
7     noLoop();
8     for (int i=0; i<9; i++) {
9       ellipse(Xp[i], Yp[i], 8, 8);
10    }
11  }
12
13  void draw() {
14    noFill();
15    curve(Xp[0], Yp[0], Xp[0], Yp[0], Xp[1], Yp[1],
            Xp[2], Yp[2]);
16    curve(Xp[0], Yp[0], Xp[1], Yp[1], Xp[2], Yp[2],
            Xp[3], Yp[3]);
17    curve(Xp[1], Yp[1], Xp[2], Yp[2], Xp[3], Yp[3],
            Xp[4], Yp[4]);
18    curve(Xp[2], Yp[2], Xp[3], Yp[3], Xp[4], Yp[4],
            Xp[5], Yp[5]);
```

```
19      curve(Xp[3], Yp[3], Xp[4], Yp[4], Xp[5], Yp[5],
              Xp[6], Yp[6]);
20      curve(Xp[4], Yp[4], Xp[5], Yp[5], Xp[6], Yp[6],
              Xp[7], Yp[7]);
21      curve(Xp[5], Yp[5], Xp[6], Yp[6], Xp[7], Yp[7],
              Xp[8], Yp[8]);
22      curve(Xp[6], Yp[6], Xp[7], Yp[7], Xp[8], Yp[8],
              Xp[8], Yp[8]);
23    }
24
25    void keyPressed() {
26      if (key == 'p') {
27        saveFrame("0603a_####.png");
28      }
29    }
```

では、詳しく説明していきましょう。

```
1     float[] Xp = {32, 80, 128, 200, 240, 272, 320, 368,
                    448};
2     float[] Yp = {130, 160, 105, 180, 100, 165, 100,
                    180, 120};
```

　はじめに点の座標を配列に保存しています。x座標はXpという名前の配列に、y座標はYpという名前の配列にデータを保存します。例えば、1つ目の点のx座標とy座標としてXp[0]とYp[0]に32と130が入っています。2つ目の点はXp[1]とYp[1]に80と160が入っているという具合です。

　4〜11行目のsetup()ではウィンドウのサイズと背景色、noLoop()の設定をします。そして9つの点のある位置に小さな円を描きます。

　draw()では曲線を描きます。9つの点で区切られた曲線ですからセグメントの数は8つです。

```
15      curve(Xp[0], Yp[0], Xp[0], Yp[0], Xp[1], Yp[1],
             Xp[2], Yp[2]);
```

ファンクションの curve() を使ってセグメントを1つずつ描いていきます。
curve() は Processing に用意されている曲線を描くためのファンクションです。
パラメータは8つあります。1番目と2番目のパラメータは開始のコントロールポ
イント（制御点）を、7番目と8番目は終了のコントロールポイントです。コント
ロールポイントというのは、セグメントを描くのに必要な点ですが、そのセグメン
ト上にあるとは限りません。隣のセグメントとのなめらかなつながりに影響します。
3番目と4番目はセグメントのはじまり、5番目と6番目はセグメントの終わりです。
一番はじめのセグメントでは、開始のコントロールポイントとしてセグメントのは
じまりと同じ点0を使い、終了のコントロールポイントは次のセグメントの終わり
の点2を使います。

```
16      curve(Xp[0], Yp[0], Xp[1], Yp[1], Xp[2], Yp[2],
             Xp[3], Yp[3]);
```

次のセグメントからは1つ前のセグメントのはじまりを開始のコントロールポイン
トとし、その次のセグメントの終わりを終了のコントロールポイントとします。
例えば1と2にはさまれたセグメントでは、0と3がコントロールポイントです。
図12-4を見て確かめてください。

```
22      curve(Xp[6], Yp[6], Xp[7], Yp[7], Xp[8], Yp[8],
             Xp[8], Yp[8]);
```

最後のセグメントでは、開始のコントロールポイントを1つ前のセグメントのは
じまりとし、終了のコントロールポイントをセグメントの終わりと同じに設定しま
す。ですから7と8ではさまれた終わりのセグメントのコントロールポイントは6
と8です。

練習12-3
点の数を1つ増やし10として自由曲線を描いてみましょう。

4 閉じた自由曲線

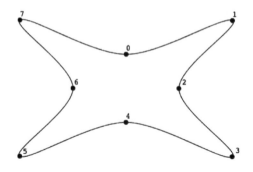

図12-5 閉じた自由曲線

◉ 図を観察してみよう

図12-5のように閉じた曲線にするにはどのようにしたらいいでしょうか。そんなに難しくはありません。コントロールポイントを少し工夫するだけで閉じた曲線を描くことができます。

◉ 描く手順を言葉にしてみよう

手順を言葉にすると、開いた曲線のときとほぼ同じです。8つのセグメントの場合でプログラムを考えましょう。違うのは点の数です。閉じた曲線では点の数も8つですね。

1. 点のx座標を配列に保存する。
2. 点のy座標を配列に保存する。
3. `setup()`でウィンドウのサイズと背景色、`noLoop()`の設定をする。
4. 8つの点の位置に円でしるしを付ける（この部分を削除してもかまいません）。
5. 8つのセグメントに分けて曲線を描く。

◉ プログラムを書いてみよう

```
1    float[] Xp = {240, 400, 320, 400, 240, 80, 160, 80};
2    float[] Yp = {100, 50, 150, 250, 200, 250, 150, 50};
3
```

```
4    void setup() {
5      size(480, 300);
6      background(255);
7      noLoop();
8      for (int i=0; i<8; i++) {
9        ellipse(Xp[i], Yp[i], 6, 6);
10     }
11   }
12
13   void draw() {
14     noFill();
15     curve(Xp[7], Yp[7], Xp[0], Yp[0], Xp[1], Yp[1],
             Xp[2], Yp[2]);
16     curve(Xp[0], Yp[0], Xp[1], Yp[1], Xp[2], Yp[2],
             Xp[3], Yp[3]);
17     curve(Xp[1], Yp[1], Xp[2], Yp[2], Xp[3], Yp[3],
             Xp[4], Yp[4]);
18     curve(Xp[2], Yp[2], Xp[3], Yp[3], Xp[4], Yp[4],
             Xp[5], Yp[5]);
19     curve(Xp[3], Yp[3], Xp[4], Yp[4], Xp[5], Yp[5],
             Xp[6], Yp[6]);
20     curve(Xp[4], Yp[4], Xp[5], Yp[5], Xp[6], Yp[6],
             Xp[7], Yp[7]);
21     curve(Xp[5], Yp[5], Xp[6], Yp[6], Xp[7], Yp[7],
             Xp[0], Yp[0]);
22     curve(Xp[6], Yp[6], Xp[7], Yp[7], Xp[0], Yp[0],
             Xp[1], Yp[1]);
23   }
24
25   void keyPressed() {
26     if (key == 'p') {
27       saveFrame("0604a_####.png");
28     }
```

```
29   }
```

では、詳しく説明していきましょう。

開いた曲線と同様、はじめに点の座標を配列に保存します（1〜2行目）。setup()では、ウィンドウのサイズと背景色などを設定し、点のある位置に小さな円を描きます（4〜11行目）。

```
15     curve(Xp[7], Yp[7], Xp[0], Yp[0], Xp[1], Yp[1],
             Xp[2], Yp[2]);
```

最初のセグメントの開始のコントロールポイントは最後の点7を使います。

```
16     curve(Xp[0], Yp[0], Xp[1], Yp[1], Xp[2], Yp[2],
             Xp[3], Yp[3]);
```

中間のセグメントでは前と同じように、前後のセグメントのはじまりと終わりをコントロールポイントとして使います。例えば1と2ではさまれたセグメントはこのようになります。

```
22     curve(Xp[6], Yp[6], Xp[7], Yp[7], Xp[0], Yp[0],
             Xp[1], Yp[1]);
```

最後のセグメントの終了のコントロールポイントは2番目の点1を使います。

◉ プログラムを変更してみよう（8つの点をクリックして曲線を描く）

ここまでは、点の座標をあらかじめ準備しておいて曲線を描くという方法を説明しました。もう少し自由に描きたいですね。そこで、ウィンドウ上の任意の場所をクリックして、その点の数が8つになったらそれらを結ぶ閉曲線を描くプログラムに変更しましょう。図12-6はそのようにして描いたものです。

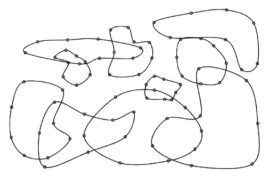

図12-6　マウスをクリックして描いた曲線

```
1    float[] Xp = {};
2    float[] Yp = {};
3
4    void setup() {
5      size(480, 300);
6      background(255);
7    }
8
9    void draw() {
10   }
11
12   void mousePressed() {
13     Xp = append(Xp, mouseX);
14     Yp = append(Yp, mouseY);
15     ellipse(mouseX, mouseY, 4, 4);
16     if (Xp.length == 8) {
17       amoeba();
18       Xp = expand(Xp, 0);
19       Yp = expand(Yp, 0);
20     }
21   }
22
23   void amoeba() {
```

```
24    noFill();
25    curve(Xp[7], Yp[7], Xp[0], Yp[0], Xp[1], Yp[1],
            Xp[2], Yp[2]);
26    curve(Xp[0], Yp[0], Xp[1], Yp[1], Xp[2], Yp[2],
            Xp[3], Yp[3]);
27    curve(Xp[1], Yp[1], Xp[2], Yp[2], Xp[3], Yp[3],
            Xp[4], Yp[4]);
28    curve(Xp[2], Yp[2], Xp[3], Yp[3], Xp[4], Yp[4],
            Xp[5], Yp[5]);
29    curve(Xp[3], Yp[3], Xp[4], Yp[4], Xp[5], Yp[5],
            Xp[6], Yp[6]);
30    curve(Xp[4], Yp[4], Xp[5], Yp[5], Xp[6], Yp[6],
            Xp[7], Yp[7]);
31    curve(Xp[5], Yp[5], Xp[6], Yp[6], Xp[7], Yp[7],
            Xp[0], Yp[0]);
32    curve(Xp[6], Yp[6], Xp[7], Yp[7], Xp[0], Yp[0],
            Xp[1], Yp[1]);
33    }
34
35    void keyPressed() {
36      if (key == 'p') {
37        saveFrame("0604b_####.png");
38      }
39    }
```

　太字で示した部分が変更したコードです。setup()からはnoLoop()を削除してあります。詳しく説明していきましょう。

```
1    float[] Xp = {};
2    float[] Yp = {};
```

　まず、XpとYpですが、これらには何も入れずに空の配列として準備しておきます。

```
12    void mousePressed() {
13      Xp = append(Xp, mouseX);
14      Yp = append(Yp, mouseY);
```

`mousePressed()`はマウスのボタンがクリックされたときに実行されるファンクションです。ここではマウスの位置を、準備しておいた`Xp`と`Yp`に追加していきます。`append()`はデータを追加するためにProcessingに組み込まれているファンクションです。

```
15      ellipse(mouseX, mouseY, 4, 4);
```

そして、その位置に小さな円を描きます。

```
16      if (Xp.length == 8) {
17        amoeba();
18        Xp = expand(Xp, 0);
19        Yp = expand(Yp, 0);
20      }
```

　もし、そのリストの長さ、すなわち点の数が8になったら`amoeba()`（アメーバ）というファンクションを呼び出して曲線を描きます。描き終わったら不要になったデータを捨てて、次の曲線のための準備をしておきます。そのために`expand()`というファンクションを使って`Xp`と`Yp`のリストの長さを0にして、初期化するのです。`amoeba()`は、閉じた曲線を描く部分だけをファンクションとしてまとめたものです。

円

　幾何学では、平面上の点 O からの距離が等しい点の集合でできる曲線のことを円（circle）といいます。この点 O が円の中心で、中心と円周上の 1 点を結ぶ線分の長さが半径ですね。一方、楕円（ellipse）は平面上のある 2 点からの距離の和が一定となるような点の集合からつくられる曲線です。この 2 点を焦点といい、2 つの焦点が近いほど楕円は円に近づき、2 つの焦点が一致したとき円になります。つまり、円は楕円の特殊な場合なのです。

　Lesson 3 の「2　図形を描く」（P.20）で学んだように、Processing には、`ellipse()` という楕円を描くファンクションが組み込まれています。パラメータは中心の座標と幅と高さだけです。幅と高さが一致すると、円を描くことができます。`ellipse()` でさまざまな円を描きましょう。

1　ランダムに配置された円

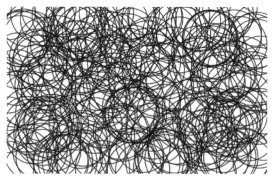

図13-1　ランダムに配置された円

◉ 図を観察してみよう

　図13-1を見てください。たくさんの円がランダムな位置に描かれています。サイズはすべて同じです。ランダムな位置を自動的に決めて、そこに半径が一定の円をプログラムが終了するまで描き続けるプログラムをつくりましょう。

◉ **描く手順を言葉にしてみよう**

　手順は単純ですね。つまり、円の直径は一定のままに、その中心の座標だけがランダムに変化すればいいのです。

1. ウィンドウのサイズと背景色を設定する。
2. 円の内側を塗りつぶさない設定をする。
3. 円の中心の座標をランダムに決定する。
4. 直径を設定して、円を描く。

◉ **プログラムを書いてみよう**

```
1    void setup() {
2      size(480, 300);
3      background(255);
4      noFill();
5    }
6
7    void draw() {
8      float x = random(width);
9      float y = random(height);
10     ellipse(x, y, 100, 100);
11   }
12
13   void keyPressed() {
14     if (key == 'p') {
15       saveFrame("0701a_####.png");
16     }
17   }
```

では、詳しく説明していきましょう。

```
2      size(480, 300);
3      background(255);
```

```
4      noFill();
```

手順の1と2はsetup()に書きます。塗りつぶさない設定にはnoFill()を使います。

```
8      float x = random(width);
9      float y = random(height);
```

中心のx座標は0からウィンドウの幅widthの範囲でランダムに決定されます。y座標は0から高さheightの範囲です。ランダムの範囲が0からなら明示しなくていいのでこのように書きます。

```
10     ellipse(x, y, 100, 100);
```

直径100の円を描きます。この部分をdraw()の中に書けば、プログラムを停止するまでずっと円を描き続けます。ウィンドウに描かれた画像は、KeyPressed()の中に書かれたsaveFrame()でキーボードのどれかが押されるたびにファイルとして保存されます。

練習13-1
図13-1を描いたプログラムからnoFill()を削除し、fill(0, 10)に変更してみましょう。さらに、noStroke()も試してください。

2 円と中心

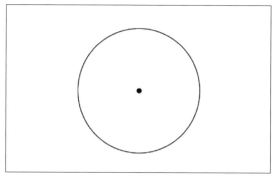

図13-2　円と中心点

◉ 図を観察してみよう

図13-2も簡単に描けそうですね。円があってその中心に点があるだけです。手順を少していねいに書き出してみましょう。

◉ 描く手順を言葉にしてみよう

ウィンドウの真ん中に描かれていることも考慮して、手順を書き出しましょう。

1. ウィンドウのサイズと背景色を設定する。
2. 円の内側を塗りつぶさない設定をする。
3. noLoop( ) を設定する。
4. 円の中心のx座標をウィンドウの幅の半分にする。
5. 円の中心のy座標をウィンドウの高さの半分にする。
6. 円の直径を設定する。
7. 点の大きさを設定して、点を描く。
8. 線の太さを設定し直して、円を描く。

◉ プログラムを書いてみよう

```
1    void setup() {
2      size(480, 300);
3      background(255);
4      noFill();
5      noLoop();
6    }
7
8    void draw() {
9      float x = width/2;
10     float y = height/2;
11     float a = 200;
12     strokeWeight(8);
13     point(x, y);
14     strokeWeight(1);
15     ellipse(x, y, a, a);
```

```
16    }
17
18    void keyPressed() {
19      if (key == 'p') {
20        saveFrame("0702a_####.png");
21      }
22    }
```

もう説明は必要ないでしょう。コードと手順を照らし合わせて読んでください。

● ファンクションに書き換えてみよう

図13-3をよく観察してください。図13-2の中心点と円のパターンがたくさん繰り返されていることがわかります。ウィンドウ上で移動するマウスの位置に連続的に「円と中心」のパターンを描いているのです。何度も描くなら、描く部分はファンクションにしておいたほうがいいですね。そこで、さきほどのプログラムをpoint_and_circle()という名前のファンクションに書き換えることにしましょう。パラメータは中心の座標と円の直径です。

図13-3　たくさんの円と中心点

```
1    void setup() {
2      size(480, 300);
3      background(255);
4      noFill();
5    }
```

```
6
7   void draw() {
8     float x = mouseX;
9     float y = mouseY;
10    point_and_circle(x, y, 100);
11  }
12
13  void point_and_circle(float x, float y, float a) {
14    strokeWeight(8);
15    point(x, y);
16    strokeWeight(1);
17    ellipse(x, y, a, a);
18  }
19
20  void keyPressed() {
21    if (key == 'p') {
22      saveFrame("0702b_####.png");
23    }
24  }
```

setup()にあったnoLoop()の設定は削除します。draw()ではmouseXと
mouseYを使って円の中心を決定し、point_and_circle()を呼び出します。
point_and_circle()のパラメータは円の中心座標xとyと直径aの3つです。
描き方に変更はありません。

3 同心円

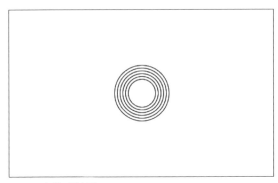

図13-4　六重の同心円

◉図を観察してみよう

図13-4を見てください。ウィンドウの真ん中に六重の同心円が描かれています。中心は変えず、直径を少しずつ変えながら円を繰り返し描いたのでしょう。この方針で手順を言葉にしてみましょう。

◉描く手順を言葉にしてみよう

円の中心はウィンドウの真ん中とします。直径は50、60、70、80、90、100です。

1. ウィンドウのサイズと背景色を設定する。
2. 円の内側を塗りつぶさない設定をする。
3. 円の中心の座標を決める。
4. 直径を50に設定する。
5. 円を描く。
6. 直径を10だけ増加する。
7. 直径が100を超えていなかったら、5から7を繰り返す。

◉プログラムを書いてみよう

```
1    void setup() {
2      size(480, 300);
3      background(255);
```

```
4      noFill();
5      noLoop();
6    }
7
8    void draw() {
9      float x = width/2;
10     float y = height/2;
11     for (int a=50; a<=100; a+=10) {
12       ellipse(x, y, a, a);
13     }
14   }
15
16   void keyPressed() {
17     if (key == 'p') {
18       saveFrame("0703a_####.png");
19     }
20   }
```

では、詳しく説明していきましょう。

setup()ではウィンドウのサイズと背景色、noFill()、noLoop()の設定をします。

```
9      float x = width/2;
10     float y = height/2;
```

円の中心座標はwidthとheightを半分にして決定します。

```
11     for (int a=50; a<=100; a+=10) {
12       ellipse(x, y, a, a);
13     }
```

直径aをforループで50、60、70、80、90、100と変えながら繰り返し円を描きます。

● ファンクションに書き換えてみよう

図13-5を見てください。同心円を描くプログラムをファンクションに書き換えて、マウスの位置に同心円を描くようにしています。

図13-5　たくさんの同心円

```
1    void setup() {
2      size(480, 300);
3      background(255);
4      noFill();
5      frameRate(10);
6    }
7
8    void draw() {
9      float x = mouseX;
10     float y = mouseY;
11     concentrics(x, y);
12   }
13
14   void concentrics(float x, float y) {
15     for (int r=50; r<100; r+=10) {
16       ellipse(x, y, r, r);
17     }
18   }
19
```

```
20   void keyPressed() {
21     if (key == 'p') {
22       saveFrame("0703b_####.png");
23     }
24   }
```

ファンクションの名前は`concentrics()`、パラメータは円の中心`x`と`y`です。

練習13-2
6つの円の中心が少しだけずれたらどうなるでしょう。

4　整列した円

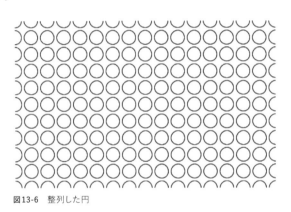

図13-6　整列した円

◉ 図を観察してみよう

図13-4の同心円は中心の位置を変えずに、直径を変えながら繰り返し描きました。図13-6は、それとは逆に円の直径は変えずに中心の位置を規則的に変化させながら繰り返し描いたと考えられます。図13-6のように縦横に並べるには、二重のforループを使います。Lesson 9の「4　平面に整列した点」（P.101）を参考にしましょう。

◉ 描く手順を言葉にしてみよう

円の直径は25ピクセルとし、円の中心を30ピクセル間隔で縦横に配置します。

1. ウィンドウのサイズと背景色を設定する。
2. noLoop() の設定をする。
3. 円の中心座標yを設定する。
4. 円の中心座標xを設定する。
5. 円を描く。
6. 3から5を繰り返す。

⦿ プログラムを書いてみよう

```
1    void setup() {
2      size(480, 300);
3      background(255);
4      noLoop();
5    }
6
7    void draw() {
8      for (int y=0; y<=height; y+=30) {
9        for (int x=0; x<=width; x+=30) {
10         ellipse(x, y, 25, 25);
11       }
12     }
13   }
14
15   void keyPressed() {
16     if (key == 'p') {
17       saveFrame("0704a_####.png");
18     }
19   }
```

内側のforループで横1列を描きます。横1列を縦に繰り返すことでウィンドウ
の全体に並べることができます。

5 つながる円

図13-7　つながる円

◉ 図を観察してみよう

図13-7を見てください。10個の円がつながっています。まっすぐ横につながるとか、まっすぐ縦につながるとかではなく、ちょっとランダムなつながり方をしています。これを描く手順を考えましょう。

◉ 描く手順を言葉にしてみよう

`caterpillar(float x, float y, float d)`という名のファンクションをつくります。毛虫（`caterpillar`：キャタピラー）のようにも見えるのでそう名付けました。パラメータは最初の円の中心座標`x`と`y`と直径`d`です。円がつながるということは、円の中心の間隔が直径に等しいということです。まっすぐではないということは、いろいろな方向に次の中心があるということです。このことを考慮して`caterpillar()`の手順をまとめます。

1. マウスの位置に円を描く。
2. 次に描く円の中心がある方向をランダムに決める。
3. 次に描く円の中心の位置を計算する。
4. 円を描く。
5. 2から4を繰り返す。

◉ プログラムを書いてみよう

```
1    void setup() {
2      size(480, 300);
3    }
4
5    void draw() {
6    }
7
8    void caterpillar(float x, float y, float d) {
9      noStroke();
10     fill(255, 100);
11     for (int i=0; i<10; i++) {
12       ellipse(x, y, d, d);
13       float t = radians(random(-90, 90));
14       x = x + d*cos(t);
15       y = y + d*sin(t);
16     }
17   }
18
19   void  mousePressed() {
20     caterpillar(mouseX, mouseY, 20);
21   }
22
23   void keyPressed() {
24     if (key == 'p') {
25       saveFrame("0705b_####.png");
26     }
27   }
```

では、詳しく説明していきましょう。

setup()でウィンドウのサイズを設定し、draw()には何も書きません。次に
caterpillar(float x, float y, float d)をつくります。

```
19    void mousePressed() {
20      caterpillar(mouseX, mouseY, 20);
21    }
```

caterpillar()は最初の円の中心座標xとy、円の直径dを与えると、つな
がった円を描くファンクションです。mousePressed()の中でcaterpillar()
を呼び出していますから、マウスをクリックするたびにつながった円が描かれます。

```
9       noStroke();
10      fill(255, 100);
```

caterpillar()では、輪郭線を描かない設定と半透明の白で塗りつぶす設定
をしました。

```
11      for (int i=0; i<10; i++) {
12        ellipse(x, y, d, d);
13        float t = radians(random(-90, 90));
14        x = x + d*cos(t);
15        y = y + d*sin(t);
16      }
```

円を描き、次の円の中心座標を計算します。間隔は直径と同じdで方向tはラン
ダムです。

forループでi=0からi=9まで繰り返しますから、つながった10個の円が描か
れます。i=0のとき最初の円を描きます。random()を使って-90°から90°の範
囲で方向を決め、ラジアンに変換します。現在の位置xにd*cos(t)を加えると
次の円の位置xが計算できます。同じようにyにd*sin(t)を加えて次の円の位
置yが計算できます。

◉ プログラムを変更してみよう（長くつながる円）

図13-8ではつながる円の個数とランダムな角度の範囲を変えてみました。個数は100個、角度の範囲は0°から360°です。太字で示した部分が変更したコードです。

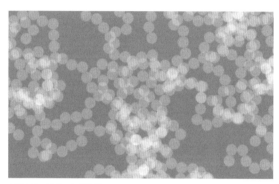

図13-8　長くつながる円

```
1    void setup() {
2      size(480, 300);
3    }
4
5    void draw() {
6    }
7
8    void caterpillar(float x, float y, float d) {
9      noStroke();
10     fill(255, 100);
11     for (int i=0; i<100; i++) {
12       ellipse(x, y, d, d);
13       float t = radians(random(360));
14       x = x + d*cos(t);
15       y = y + d*sin(t);
16     }
17   }
18
```

```
19   void  mousePressed() {
20     caterpillar(mouseX, mouseY, 20);
21   }
22
23   void keyPressed() {
24     if (key == 'p') {
25       saveFrame("0705b_####.png");
26     }
27   }
```

練習13-3

図13-8で描かれた円の直径が少しずつ小さくなるようにできますか。

Lesson 14

長方形

　図14-1を見てください。たくさんの長方形が描かれています。ただ長方形を描いただけなのに、なぜか面白いパターンが生まれています。Lesson 14では長方形を使っていろいろなパターンをつくってみようと思います。

1　ランダムに置かれた長方形

図14-1　ランダムに置かれた長方形

◉ 図を観察してみよう

　長方形の4つの角はすべて直角で、向かい合う辺は平行です。長い辺と短い辺があります。ですから、描く場所と、長辺と短辺の長さを指定するだけで長方形を描くことができます。

◉ 描く手順を言葉にしてみよう

　もうそろそろ、ランダムに置かれた長方形を描くくらい、説明は必要ないよと言われそうですね。Lesson 13の円のところで同じようなプログラムをつくりましたから、ごもっともです。簡単に手順をまとめておきましょう。

　1.　ウィンドウのサイズと背景色、noFill()の設定をする。

2. `rectMode(CENTER)` を設定する。

3. 中心の座標 x と y をランダムに決定する。

4. 長方形を描く。

◉ **プログラムを書いてみよう**

```
1    void setup() {
2      size(480, 300);
3      background(255);
4      noFill();
5      rectMode(CENTER);
6    }
7
8    void draw() {
9      float x = random(width);
10     float y = random(height);
11     rect(x, y, 50, 100);
12   }
13
14   void keyPressed() {
15     if (key == 'p') {
16       saveFrame("0801a_####.png");
17     }
18   }
```

Lesson 13で円をランダムに配置したプログラム（P.163）とほとんど変わりません。ポイントは `rectMode()` です。

```
5        rectMode(CENTER);
```

長方形を描くファンクション `rect()` の位置の基準は、デフォルトでは長方形の左上になっています。この基準点を長方形の真ん中に設定し直すのが、`rectMode(CENTER)` です。

```
11      rect(x, y, 50, 100);
```

　`rectMode(CENTER)` の設定をしておいて、位置 (`x,y`) を指定すれば、その点を中心として長方形が描かれます。

2　縮小された長方形

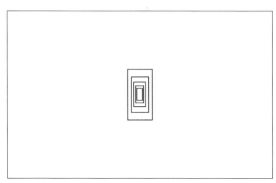

図14-2　縮小された長方形

◉ 図を観察してみよう

　図14-2を見てください。長方形が5つ描かれています。中心は同じですが、大きさが違います。だんだん縮小されているようにも見えます。これを描くファンクションをつくりましょう。

◉ 描く手順を言葉にしてみよう

　箱（box）のようにも見えるので、つくるファンクションの名前は`boxes()`としましょう。パラメータは中心の座標`x`と`y`、外側の大きい長方形の幅`a`と高さ`b`、さらに縮小率`r`とします。`r`は1より小さい数、例えば`0.7`です。外側のサイズに縮小率`r`をかけると、その内側のサイズが計算で決まります。これを5回繰り返せば図14-2のようになるでしょう。`boxes()`の手順を箇条書きにしてみます。

1. 幅`a`、高さ`b`で長方形を描く。
2. `a`に縮小率`r`をかけて新しい幅`a`を計算する。
3. `b`に縮小率`r`をかけて新しい高さ`b`を計算する。
4. 1に戻って繰り返す。

● プログラムを書いてみよう

```
1    void setup() {
2      size(480, 300);
3      background(255);
4      noFill();
5      rectMode(CENTER);
6      noLoop();
7    }
8
9    void draw() {
10     float x = width/2;
11     float y = height/2;
12     float a = 40;
13     float b = 80;
14     float r = 0.7;
15     boxes(x, y, a, b, r);
16   }
17
18   void boxes(float x, float y, float a, float b,
                 float r) {
19     for (int i=0; i<5; i++) {
20       rect(x, y, a, b);
21       a = a*r;
22       b = b*r;
23     }
24   }
25
26   void keyPressed() {
27     if (key == 'p') {
28       saveFrame("0802b_####.png");
29     }
30   }
```

setup()は「1　ランダムに置かれた長方形」とほとんど変わりません。draw()では箱の中心座標をウィンドウの中央に設定するため、ウィンドウ幅と高さを半分にします。箱の幅aと高さb、縮小率の設定もdraw()の中で行います。これらの設定が済んだら、boxes()を呼び出します。

```
20        rect(x, y, a, b);
```

ファンクションのboxes()の中で、i=0のとき最初の長方形を描きます。

```
21        a = a*r;
22        b = b*r;
```

幅aにも高さbにも縮小率rをかけて新たな幅と高さを計算します。
これをforループで繰り返します。

◉ プログラムを変更してみよう（ウィンドウを埋め尽くす）

noLoop()の設定を削除して、draw()の中で中心座標xとyをランダムに決定すれば、図14-3のようなパターンを描くことができます。太字で示した部分が変更したコードです。

図14-3　たくさんの縮小された長方形

```
1    void setup() {
2      size(480, 300);
3      background(255);
```

```
4      noFill();
5      rectMode(CENTER);
6    }
7
8    void draw() {
9      float x = random(width);
10     float y = random(height);
11     float a = 40;
12     float b = 80;
13     float r = 0.7;
14     boxes(x, y, a, b, r);
15   }
16
17   void boxes(float x, float y, float a, float b,
                float r) {
18     for (int i=0; i<5; i++) {
19       rect(x, y, a, b);
20       a = a*r;
21       b = b*r;
22     }
23   }
24
25   void keyPressed() {
26     if (key == 'p') {
27       saveFrame("0802b_####.png");
28     }
29   }
```

3 整列した正方形

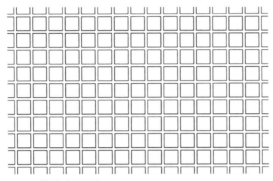

図14-4 整列した正方形

◉ **図を観察してみよう**

図14-4を見てください。縦横に正方形を並べています。これもLesson 13の「4 整列した円」で円を並べたときと同じですね。簡単に手順をまとめましょう。

◉ **描く手順を言葉にしてみよう**

繰り返して横1列を描きます。これを下の方向へ繰り返せば縦横に正方形を並べることができるでしょう。

1. ウィンドウのサイズと背景色、`noLoop()`と`rectMode(CENTER)`を設定する。
2. 正方形の中心のy座標を0から`height`まで等間隔で増加する。
3. 正方形の中心のx座標を0から`width`まで等間隔で増加する。
4. `(x, y)`の位置に正方形を描く。
5. 2から4を繰り返す。

◉ **プログラムを書いてみよう**

長方形の幅も高さも25にしてみます。重ならないように間隔を30とします。手順にしたがって、forループを使ったプログラムを書けば、次のようになります。

```
1    void setup() {
2      size(480, 300);
```

```
3      background(255);
4      noLoop();
5      rectMode(CENTER);
6    }
7
8    void draw() {
9      for (int y=0; y<=height; y+=30) {
10       for (int x=0; x<=width; x+=30) {
11         rect(x, y, 25, 25);
12       }
13     }
14   }
15
16   void keyPressed() {
17     if (key == 'p') {
18       saveFrame("0803a_####.png");
19     }
20   }
```

◉ プログラムを変更してみよう（少し乱れた正方形）

　このプログラムを少し変更して図14-5のように描いてみます。違いは背景色と、配置が少し乱れているところです。

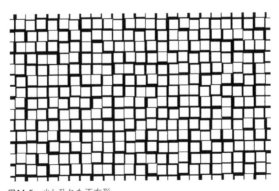

図14-5　少し乱れた正方形

```
1    void setup() {
2      size(480, 300);
3      background(0);
4      noLoop();
5      rectMode(CENTER);
6    }
7
8    void draw() {
9      for (int y=0; y<=height; y+=20) {
10       for (int x=0; x<=width; x+=20) {
11         float dx = random(-2, 2);
12         float dy = random(-2, 2);
13         rect(x+dx, y+dy, 18, 18);
14       }
15     }
16   }
17
18   void keyPressed() {
19     if (key == 'p') {
20       saveFrame("0803b_####.png");
21     }
22   }
```

変更点に注目しましょう。

```
3      background(0);
```

背景色を黒にしました。

```
9      for (int y=0; y<=height; y+=20) {
10       for (int x=0; x<=width; x+=20) {
11         float dx = random(-2, 2);
12         float dy = random(-2, 2);
```

正方形を描く中心座標の少しのずれをランダムに決めます。

```
13          rect(x+dx, y+dy, 18, 18);
```

このずれを使って位置を決めて正方形を描きます。rect()で幅と高さは18に、間隔は20としました。

練習14-1
図14-5の正方形の大きさが少しだけ異なるようにしてみましょう。

練習14-2
図14-5の正方形が少しだけ回転するようにしてみましょう。

Lesson 15

ルールで描く

　ルールを決めて描きましょう。これまで登場したパターンは、どんな形を描くのかを直接、しかも詳細に指示して描いたものでした。円を描くとか長方形を描くとか、あるいは大きさをどうするか、何本の線で描くかなど、あらかじめ決めるのです。ここからは、描くルールだけを決めておいて、描かれるパターンの大きさや形を直接に指示することはしません。例えば**図15-1**のように、決まっているのはルールだけで、その結果として描かれるパターンがどうなるかは出たとこ勝負です。プログラムを実行するとプログラムが自律的にパターンを描いてくれるのです。

1　ランダムウォーク

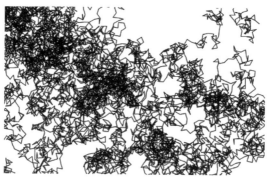

図15-1　ランダムウォーク

◉ 図を観察してみよう

　図15-1は「ランダムウォーク」（random walk）と呼ばれるルールで描いたパターンです。ある1点からはじまった線がずっとつながっています。ランダムウォークは日本語では「酔歩」と呼ばれます。酔歩は酒に酔って歩くこと、千鳥足です。ある場所から歩き出した人が、ふらふらとどちらの方向に歩を進めるかまったくランダムなのです。この千鳥足をプログラムで書いて、その足跡を描けば図15-1のようなランダムウォークが完成します。ルールは決まっていますが、その結果とし

てどんなパターンが描かれるかは確定していません。

◉ 描く手順を言葉にしてみよう

walk（ウォーク：歩く）という名前のファンクションをつくりましょう。その手順を箇条書きにしてみます。パラメータはウォークの出発点の座標xとyです。一定の歩幅rと全歩数nもパラメータとします。

```
walk(float x, float y, float r, int n)
```

1. 現在の位置x0とy0を決める。
2. 進む方向tを360°（0から2π）の範囲からランダムに決定する。
3. 現在の位置x0にランダムな1歩のx方向成分r*cos(t)を加えて次の位置x1を計算する。
4. 現在の位置y0にランダムな1歩のy方向成分r*sin(t)を加えて次の位置y1を計算する。
5. (x0, y0)から(x1, y1)へ線を描く。
6. 現在の位置(x0, y0)を(x1, y1)で置き換えて更新する。
7. 2から6を歩数n回繰り返す。

◉ プログラムを書いてみよう

```
1    void setup() {
2      size(480, 300);
3      background(255);
4      noLoop();
5    }
6
7    void draw() {
8      walk(width/2, height/2, 10, 1000000);
9    }
10
11   void walk(float x, float y, float r, int n) {
12     float x0 = x;
```

```
13      float y0 = y;
14      for (int i=0; i<n; i++) {
15        float t = radians(random(360));
16        float x1 = x0 + r*cos(t);
17        float y1 = y0 + r*sin(t);
18        line(x0, y0, x1, y1);
19        x0 = x1;
20        y0 = y1;
21      }
22    }
23
24    void keyPressed() {
25      if (key == 'p') {
26        saveFrame("0901a_####.png");
27      }
28    }
```

では、詳しく説明していきましょう。

setup()でウィンドウのサイズと背景色（白）、noLoop()の設定をします。千鳥足を描くファンクションwalk(float x, float y, float r, int n)をdraw()の中から呼び出します。

```
11    void walk(float x, float y, float r, int n) {
12      float x0 = x;
13      float y0 = y;
```

ファンクションwalk()は、現在の位置(x0, y0)に与えられたランダムウォークの出発点(x, y)を代入することからはじめます。

```
15        float t = radians(random(360));
```

進む方向を0°～360°の範囲でランダムに決定してラジアン単位に変換します。

```
16      float x1 = x0 + r*cos(t);
17      float y1 = y0 + r*sin(t);
```

決定した方向を使って次の位置を計算します。三角関数についてはAppendix 5（P.229）を参照してください。

```
18      line(x0, y0, x1, y1);
```

現在の位置(x0, y0)と次の位置(x1, y1)を線で結びます。

```
19      x0 = x1;
20      y0 = y1;
```

次のステップのために現在の位置を更新します。

```
14      for (int i=0; i<n; i++) {
```

```
21      }
```

forループで歩数nまでランダムウォークを繰り返します（14〜21行目）。

練習15-1

進む方向を上下左右の4方向からランダムに1つを選んで決定するプログラムにしてみましょう。

2 尾を引いて移動するボール

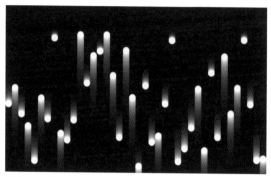

図15-2 尾を引いて上下に飛び交うボール

⦿ 図を観察してみよう

　図15-2を見てください。どのように見えますか。実は動画のある一瞬をとらえた映像です。白いボールのようなものが上下に運動しています。天井にぶつかると跳ね返って下向きに方向が変わります。反対に床にぶつかると上向きに方向が変わります。そのようなボールを描くとき、各フレームでウィンドウの全体を半透明の黒色で塗りつぶします。すると、今描いたばかりの白いボールはくっきりと、しかし、だいぶ前に描いた部分はぼんやりと表示されることになります。そのせいで図15-2のように尾を引いて移動するような映像になるのです。図15-2のような映像のためのプログラムを最初から書くのは、ちょっと難しいかもしれません。簡単なところからはじめましょう。図15-3のように１つのボールだけの場合からはじめます。

図15-3　１つのボール

◉ **描く手順を言葉にしてみよう**

　ウィンドウの左右の中央を上下方向に運動するボールを描く手順を箇条書きにします。

1. ウィンドウのサイズとボールの輪郭線の有無を設定する。
2. ボールの初期位置 x と y を設定する。
3. ボールの速度をランダムに決定する。
4. 現在の位置に白いボールを描く。
5. ウィンドウの全体を半透明の黒で塗りつぶす。
6. ボールの現在の位置に速度をたして次の位置を計算する。
7. もしも、ボールがウィンドウの一番下にぶつかったら方向を逆転する。
8. もしも、ボールがウィンドウの一番上にぶつかったら方向を逆転する。
9. 4から8を繰り返す。

◉ **プログラムを書いてみよう**

```
1    float x, y, speed;
2
3    void setup() {
4      size(480, 300);
5      noStroke();
6      x = width/2;
7      y = random(height);
8      speed = random(0.1, 2.0);
9    }
10
11   void draw() {
12     fill(255);
13     ellipse(x, y, 12, 12);
14     fill(0, 12);
15     rect(0, 0, width, height);
16     y = y + speed;
17     if (y > height) {
```

```
18        speed = -speed;
19      }
20      if (y < 0) {
21        speed = -speed;
22      }
23    }
24
25    void keyPressed() {
26      if (key == 'p') {
27        saveFrame("0901b_####.png");
28      }
29    }
```

では、詳しく説明していきましょう。

```
1     float x, y, speed;
```

ボールは現在の位置とスピードの情報を持っています。これらをx、y、speed
とします。

```
6        x = width/2;
7        y = random(height);
8        speed = random(0.1, 2.0);
```

setup()では、ウィンドウのサイズの設定とボールの中心座標xとy、速度
speedの初期化をします。xはウィンドウの幅の真ん中です。yはウィンドウの高
さの範囲でランダムに決定します。speedはゆっくりな0.1から比較的速い2.0
の範囲でランダムとします。

```
12       fill(255);
13       ellipse(x, y, 12, 12);
```

draw()では、まず直径12ピクセルのボールを白色で描きます。

```
14      fill(0, 12);
15      rect(0, 0, width, height);
```

その上から半透明の黒い長方形でウィンドウ全体を塗りつぶします。

```
16      y = y + speed;
```

速度を加えてボールが移動する次の位置を計算します。

```
17      if (y > height) {
18         speed = -speed;
19      }
```

もし、ウィンドウの高さheightを超えてしまったら速度を反転します。

```
20      if (y < 0) {
21         speed = -speed;
22      }
```

また、もし0を下回ってしまったら速度を反転します。

どちらも移動する方向が逆転します。draw()の中に書かれた部分は繰り返されますから、運動が続くのです。また、ウィンドウを半透明で上から塗りつぶしていますから時間が経過した部分はどんどん薄くなっていって、尾を引くように見えるのです。

◉ オブジェクト指向で書き換えてみよう

図15-2のようにたくさんの、しかもそれぞれがバラバラの動きをしているような、そういうプログラムを前述の方法だけで書くのは煩雑過ぎるかもしれません。こういうときに便利な手法があります。Part 2のLesson 8で学習した「オブジェクト指向プログラミング」です（P.73）。もう一度Lesson 8を振り返りながら次のプログラムを読み進めてください。

```
1      Spot[] spots;
```

```
2
3    void setup() {
4      size(480, 300);
5      int n = 40;
6      int d = width/n;
7      spots = new Spot[n];
8      for (int i = 0; i < n; i++) {
9        float x = d/2 + i*d;
10       float speed = random(0.1, 2.0);
11       spots[i] = new Spot(x, 0, d, speed);
12     }
13     noStroke();
14   }
15
16   void draw() {
17     fill(0, 12);
18     rect(0, 0, width, height);
19     for (int i=0; i < spots.length; i++) {
20       spots[i].move();
21       spots[i].display();
22     }
23   }
24
25   class Spot {
26     float x, y;
27     float diameter;
28     float speed;
29
30     Spot(float xpos, float ypos, float dia, float sp) {
31       x = xpos;
32       y = ypos;
33       diameter = dia;
34       speed = sp;
```

```
35      }
36
37      void move() {
38        y = y + speed;
39        if (y > height) {
40          speed = -speed;
41        }
42        if (y < 0) {
43          speed = -speed;
44        }
45      }
46
47      void display() {
48        fill(255);
49        ellipse(x, y, diameter, diameter);
50      }
51    }
52
53    void keyPressed() {
54      if (key == 'p') {
55        saveFrame("0901a_####.png");
56      }
57    }
```

　このプログラムは4つのブロックに分けて見ることができます。最初のブロック
は円形のオブジェクトspotを用意する部分、次のブロックはsetup()でウィン
ドウのサイズなどを設定して、オブジェクトの実体を生成する部分です。3つ目の
ブロックはdraw()でオブジェクトを更新し、最後のブロックはオブジェクトの
設計図となる部分です。

```
25    class Spot {
```

　4つ目のブロックを少しだけ説明しましょう。Spotという名前の「クラス」を

定義しています。オブジェクト指向プログラミングのクラスというのは、設計図ま
たはひな形のようなものです。設計図やひな形があれば、それにしたがって「モノ」
を1つつくることも大量に生産することもできます。このひな形にはいくつかの自
由度が設けてあって、モノをつくるときに個別に設定を変更できるようにもなって
います。例えば色を変えるとか、大きさを変えるとか、動くスピードを変えるとか
です。設計図やひな形に相当するクラスに対して、実際につくられたモノあるいは
実体を「インスタンス」と呼びます。またクラスには「プロパティ」と「メソッド」
が定義されています。プロパティとは、クラスが持っている固有のパラメータや情
報です。メソッドはクラスが持っている動作や機能です。

```
31      x = xpos;
32      y = ypos;
33      diameter = dia;
34      speed = sp;
```

　円の位置情報 x、 y はプロパティ、円の直径 diameter と速度 speed もプロパ
ティです。

```
30      Spot(float xpos, float ypos, float dia, float sp) {
31      x = xpos;
32      y = ypos;
33      diameter = dia;
34      speed = sp;
35      }
```

　30〜35行目のコンストラクタ（P.80）では、プロパティの各変数に具体的な数
値を設定します。

```
37      void move() {
38      y = y + speed;
39      if (y > height) {
40          speed = -speed;
41      }
```

```
42        if (y < 0) {
43            speed = -speed;
44        }
45    }
46
47    void display() {
48        fill(255);
49        ellipse(x, y, diameter, diameter);
50    }
```

move()とdisplay()はメソッドで、それぞれ「動く」と「表示する」という動作を表しています。

```
20        spots[i].move();
21        spots[i].display();
```

メソッドを利用するには、インスタンスの名前にドットで続けてメソッドの名前を書きます。これらは3つ目のブロックdraw()の中に書かれていますから、繰り返し実行されます。

```
1    Spot[] spots;
```

このプログラムのインスタンスは1行目に定義されているspotsという名前の配列です。

```
11        spots[i] = new Spot(x, 0, d, speed);
```

2つ目のブロックsetup()の中で要素数nを40にしています（5行目）。最後のブロックのクラス（設計図）にしたがってインスタンス（実体）をつくり出すときに、コンストラクタを呼び出します。このとき、位置yと大きさdは一定ですが、位置xと速度speedは個別に設定されます。

◉ プログラムを変更してみよう（平面内を自由に動き回るオブジェクト）

図15-4を見てください。これも動き回る生物の群れのある瞬間をとらえたような映像です。今度は平面内を自由に動いています。前述のプログラムを少し変更するとこれをつくることができます。このプログラムを示しておきましょう。

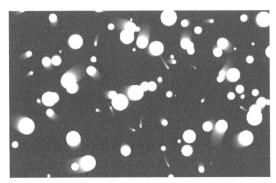

図15-4　平面内を自由に動き回るオブジェクト

```
1    int n = 100;
2    Life[] a = new Life[n];
3
4    void setup() {
5      size(480, 300);
6      for (int i=0; i<n; i++) {
7        float x = random(width);
8        float y = random(height);
9        float r = random(30);
10       float R = random(100);
11       float s = random(-0.01, 0.01);
12       a[i] = new Life(x, y, r, R, s);
13     }
14   }
15
16   void draw() {
17     fill(128, 10);
18     rect(0, 0, width, height);
```

```
19      for (int i=0; i<n; i++) {
20        a[i].show();
21        a[i].move();
22      }
23    }
24
25    class Life {
26      float x0, y0, x1, y1;
27      float ra;
28      float Ra;
29      float sp;
30      float t;
31
32      Life(float x0_, float y0_, float ra_, float Ra_,
             float sp_) {
33        x0 = x0_;
34        y0 = y0_;
35        ra = ra_;
36        sp = sp_;
37        Ra = Ra_;
38        t = 0.0;
39        x1 = x0 + Ra*cos(t);
40        y1 = y0 + Ra*sin(t);
41      }
42
43      void show() {
44        noStroke();
45        fill(255);
46        ellipse(x1, y1, ra, ra);
47      }
48
49      void move() {
50        t = t + sp;
```

```
51      x1 = x0 + Ra*cos(t);
52      y1 = y0 + Ra*sin(t);
53    }
54  }
55
56  void keyPressed() {
57    if (key == 'p') {
58      saveFrame("0902b_####.png");
59    }
60  }
```

3 配列を使う

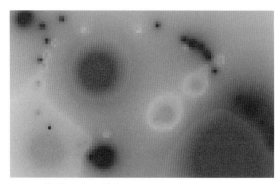

図15-5　配列とルールで描く

◉ 図を観察してみよう

　図15-5を見てください。インクがにじんだように見えませんか。よく見ると小さな正方形のタイルが敷き詰められているように見えます。ここでは、配列とルールを組み合わせて描いてみましょう。配列（array）はPart 2のLesson 5で学習しました（P.43）。そこでは一次元配列を学習しましたが、今度は二次元配列を使います。一次元配列が直線的にデータを並べるのに対し、二次元配列は平面的に並べて保存し、利用します。ちょうど図15-5のように色の付いたタイルを平面に並べるイメージでしょうか。一次元配列では、並べられたデータの一つひとつ（要素）を指し示すのに、1つの番号（index：インデックス）が必要でした。二次元配列では、2つの番号が必要となります。平面にタイルを並べるイメージでいうなら、横に何番目で縦に何番目というように2つの番号を指定すると1つのタイルを指し

示すことができるというわけです。

　一方、にじんだ様子を表現するにはどうしたらいいでしょう。これにはさまざまな方法が考えられます。現象を忠実な物理モデルでシミュレーションする方法もあるでしょう。しかし、ここでは、できるだけ簡単な方法を考えてみました。インクの一滴が紙に落ちてにじむとき、その点からだんだん遠くなるにつれて色が薄くなりますが、このことだけを簡単に表現しようと思います。すなわち、タイルの色の濃度が距離に反比例して薄くなるというだけのルールを使いましょう。

　インクがマウスのある位置からこぼれるとします。インクの色はキーボードのキーで赤か緑か青かを指定します。rが押されたら赤、gなら緑、bなら青という具合です。このような方針で描く手順を言葉にしてみました。

◉ 描く手順を言葉にしてみよう

　タイルを並べるには二次元配列を使います。にじむ様子は、マウスからの距離に反比例して色の濃度が薄くなるというルールを使います。

1. ウィンドウのサイズを決める。
2. タイルの大きさを想定して、横方向の枚数と縦方向の枚数を決める。
3. ウィンドウの全体を白で初期化する。
4. キーボードのキーで色を決める。
5. マウスの位置にインクを流し、マウスからの距離に反比例して色が薄くなるようにする。
6. 4と5を繰り返す。

◉ プログラムを書いてみよう

```
1    float[][] r = new float[96][60];
2    float[][] g = new float[96][60];
3    float[][] b = new float[96][60];
4    char clr;
5
6    void setup() {
7      size(480, 300);
8      frameRate(10);
```

```
9      noStroke();
10     init();
11  }
12
13  void draw() {
14     background(255);
15     display();
16     update();
17  }
18
19  void init() {
20     for (int i=0; i<96; i++) {
21       for (int j=0; j<60; j++) {
22         r[i][j] = 255;
23         g[i][j] = 255;
24         b[i][j] = 255;
25       }
26     }
27  }
28
29  void display() {
30     for (int i=0; i<96; i++) {
31       for (int j=0; j<60; j++) {
32         int x = i*5;
33         int y = j*5;
34         fill(r[i][j], g[i][j], b[i][j]);
35         rect(x, y, 5, 5);
36       }
37     }
38  }
39
40  void update() {
41     for (int i=0; i<96; i++) {
```

```
42      for (int j=0; j<60; j++) {
43        float d = dist(mouseX, mouseY, i*5, j*5);
44        float dc = 255 / d;
45        if (clr == 'r') {
46          r[i][j] = r[i][j] + dc;
47          g[i][j] = g[i][j] - dc;
48          b[i][j] = b[i][j] - dc;
49        } else if (clr == 'g') {
50          r[i][j] = r[i][j] - dc;
51          g[i][j] = g[i][j] + dc;
52          b[i][j] = b[i][j] - dc;
53        } else if (clr == 'b') {
54          r[i][j] = r[i][j] - dc;
55          g[i][j] = g[i][j] - dc;
56          b[i][j] = b[i][j] + dc;;
57        }
58      }
59    }
60  }
61
62  void keyPressed() {
63    clr = key;
64  }
```

　setup()でウィンドウのサイズを480×300ピクセルとしています。タイルの縦横の寸法を5ピクセルとするとタイルの数は横に96枚で縦に60枚ということになりますから、このことをプログラムのはじめのほうに配列として設定しておきます（1～3行目）。赤、緑、青を別々に用意することにします。それぞれr、g、bという名前の配列です。frameRateを10に設定してゆっくり進行するようにしました。noStroke()の設定もしましたが、してもしなくてもかまいません。

　ここでinit()を呼び出します。init()はすべてのタイルのr、g、bを255にする初期化のファンクションです。二重のforループを使ってすべてのタイルについて処理を行います。すべてが255ならタイルは白で描かれます。

```
34              fill(r[i][j], g[i][j], b[i][j]);
```

display()はすべてのタイルに色を付けて描くファンクションです。このとき、r、g、bの配列に書かれた値を使って色を設定します。これがfill()の役割です。

```
32              int x = i*5;
33              int y = j*5;
```

このときも二重のforループを使ってすべてのタイルの配列について処理を行います。インデックスのiは横方向に数えて何番目かを意味します。jは縦方向です。ですから、横方向のタイルの位置はインデックスiと関係し、縦方向の位置はインデックスjと関係します。タイルの縦横の寸法は5ピクセルですからインデックスを5倍します。

```
35              rect(x, y, 5, 5);
```

rect()は長方形を描くファンクションでした。長方形の位置は、先ほど計算したxとyです。辺の長さは縦も横も5です。

```
62   void keyPressed() {
63     clr = key;
```

にじんだ色の表現について説明する前に、keyPressed()を見てください。キーボードのキーのどれかが押されると、この代入が実行されます。clrはchar型の変数で、文字1つを保存できます。例えばrが押されればclrにはrという文字が入ります。

```
43              float d = dist(mouseX, mouseY, i*5, j*5);
```

さて、いよいよにじむしくみです。これは40行目のupdate()というファンクションで処理されます。マウスの位置とタイルの左上角の距離dをdist()を使って計算します（43行目）。

```
44          float dc = 255 / d;
```

次に赤緑青の最大値255を距離dでわり、色の変化量dcを計算します。

```
45          if (clr == 'r') {
46            r[i][j] = r[i][j] + dc;
47            g[i][j] = g[i][j] - dc;
48            b[i][j] = b[i][j] - dc;
```

　距離dが大きいとdcは小さくなります。厳密に考えるとdが0となったときにわり算ができなくなってエラーが生じることも予想されますが、今回はこのまま進めましょう。もし、clrにrが入っていれば46行目から48行目までの3行が実行されます。

　つまり、赤の成分が増加して、緑と青の成分は減少するのです。しかも、マウスに近いところではその変化が大きく、遠いところでは変化が少ないのです。この場合には、マウスに近いところは赤が強調されることになります。clrにgが入っていれば緑が強調され、bが入っていれば青が強調されます。その他のキーを押したなら、変化はありません。

Lesson 16
色で描く

Processingでは色を操ることも簡単です。`background()`や`fill()`、`stroke()`はすでに何度も使いました。色を表現するためのしくみは2通り用意されていて、`colorMode()`で設定できます。Lesson 3で解説したように、デフォルトではRGBモードとなっています。RGBは、Red、Green、Blueの意味です。それぞれの濃度を0から255の範囲で指定します。これを「RGBモード」と呼ぶのです。この範囲を設定し直すなら、例えば次のように書きます。

```
colorMode(RGB, 100);
```

このようにすると、RGBを0から100の範囲で指定できます。もう1つ「HSBモード」というものも用意されています。例えば次のように書きます。

```
colorMode(HSB, 360, 100, 100);
```

HSBは、Hue、Saturation、Brightnessの意味で、日本語では色相、彩度、明度です。色相は色相環（色相の全体を順序立てて円環状に並べたもの）のイメージから360°が使われることが多いようです。彩度と明度は100%を最高にするのがわかりやすいでしょう。これらのモードを使って、色で描くことに挑戦しましょう。

1　ランダムな色彩

◉図を観察してみよう
図16-1（P.210）を見てください。どのようにして描いたのでしょうか。円がたくさん描かれています。重なっています。色はさまざまです。ランダムといってもいいでしょう。重なったところは透けて見えます。

◉ **描く手順を言葉にしてみよう**

ウィンドウ内のさまざまな位置で、さまざまな大きさで、さまざまな色の円を描きます。色は半透明にします。

1. ウィンドウのサイズを設定する。
2. 輪郭線を描かない noStroke() の設定をする。
3. 描く位置 x、y をランダムに設定する。
4. 円の直径 d をランダムに設定する。
5. RGB をランダムに設定する。
6. 塗り色を設定する。
7. 円を描く。
8. 3 から 7 を繰り返す。

◉ **プログラムを書いてみよう**

```
1    void setup() {
2      size(480, 300);
3      noStroke();
4    }
5
6    void draw() {
7      float x = random(width);
8      float y = random(height);
9      float d = random(10, 300);
10     float R = random(255);
11     float G = random(255);
12     float B = random(255);
13     fill(R, G, B, 100);
14     ellipse(x, y, d, d);
15   }
16
17   void keyPressed() {
18     if (key == 'p') {
```

```
19        saveFrame("1001a_####.png");
20    }
21 }
```

ウィンドウのサイズと noStroke() の設定は、setup() の中に書きます。その他は draw() に書けば、プログラムを終了するまでずっと繰り返されます。

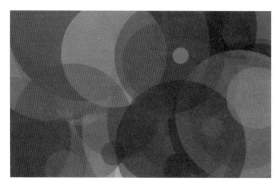

図16-1　ランダムな色彩

2　グラデーション

図16-2　グラデーション

◉ 図を観察してみよう

図16-2は左側の赤色からはじまって徐々に黄色、緑色、青色などと変化し、右側ではまた赤色に戻ります。色相の変化をグラデーションで描いているのです。

● 描く手順を言葉にしてみよう

図16-2は上から下に引いた線の色相を左から右へと徐々に変化させて描いたものです。このような色相の変化はHSBモードで扱うと便利です。

1. ウィンドウのサイズを設定する。
2. noLoop()とnoStroke()の設定をする。
3. colorMode()をHSBに変更する。
4. 線を描くときのx座標を0とする。
5. 線の色を示す色相Hの値をxと関連付ける。
6. 線の色を設定する。
7. (x, 0)から(x, height)へ線を引く。
8. xの値を1だけ増加して、5から8を繰り返す。

● プログラムを書いてみよう

```
1    void setup() {
2      size(480, 300);
3      colorMode(HSB, 360, 100, 100);
4      noLoop();
5      noStroke();
6    }
7
8    void draw() {
9      for (int x=0; x<=width; x++) {
10       int H = (int)map(x, 0, width, 0, 360);
11       stroke(H, 100, 100);
12       line(x, 0, x, height);
13     }
14   }
15
16   void keyPressed() {
17     if (key == 'p') {
18       saveFrame("1002a_####.png");
```

```
19      }
20    }
```

では、詳しく説明していきましょう。

```
3       colorMode(HSB, 360, 100, 100);
```

setup()では、ウィンドウのサイズ、noLoop()、noStroke()の設定の他にカラーモードの設定変更を行います。HSBモードで、色相は360まで、彩度と明度は100までとします。

```
9      for (int x=0; x<=width; x++) {
10       int H = (int)map(x, 0, width, 0, 360);
```

draw()では、線を引く位置のx座標をforループで設定します。初期値は0ですからウィンドウの左端からはじまります。x++で1ずつ増加して、ウィンドウの幅widthまで繰り返します。そのループの中で、xの値と色相の値を関連付けます。xは0からwidthまで、色相は0から360までです。これをうまく割り当てるには、ある範囲から指定する範囲に数値を変換するファンクションmap()を使います。

map()のパラメータの1つ目にはxと書きます。xの範囲は0からwidthですが、これを0から360の範囲に割り当てるという意味です。色相は整数型でなければなりませんからint型のHに代入します。map()で得られた小数点数を(int)で整数化してから代入するのです。

```
11      stroke(H, 100, 100);
```

このHを使って線の色を指定します。彩度も明度も最高値の100としました。

```
12      line(x, 0, x, height);
```

(x, 0)から(x, height)へ線を引きます。
ここまでがforループで繰り返されて、ウィンドウの全体がグラデーションで塗りつぶされます。

彩度だけを変化させてグラデーションにできますか。

3 明度を変えて描く

◉図を観察してみよう

　図16-3（P.214）を見てください。一見すると立体的な球が描かれているように見えますが、立体ではありません。実は、明度を徐々に変化させているだけです。外側は明度が最高ですが、内側に入るにつれてだんだん明度を0に近づけています。そういう方針でプログラムを書きましょう。

◉描く手順を言葉にしてみよう

　外側の円を最初に描いて、だんだん内側に入っていくことにしましょう。そのとき、明度をだんだん小さく暗くしていくことにします。

1. ウィンドウのサイズと noStroke()、noLoop() の設定をする。
2. colorMode() の設定をする。
3. 円の直径 i を 100 に初期設定する。
4. 色相と彩度を任意の一定値とし、明度を円の直径と同じに設定する。
5. 円を描く。
6. 円の直径を1だけ減少する。
7. 4から6を繰り返す。

◉プログラムを書いてみよう

```
1   void setup() {
2     size(480, 300);
3     colorMode(HSB, 360, 100, 100);
4     noStroke();
5     noLoop();
6   }
7
8   void draw() {
```

```
9      for (int i=100; i>0; i--) {
10       fill(180, 100, i);
11       ellipse(240, 150, i, i);
12     }
13   }
14
15   void keyPressed() {
16     if (key == 'p') {
17       saveFrame("1003a_####.png");
18     }
19   }
```

図16-3　明度を変えて描く

◉ ファンクションに書き換えてみよう

図16-4を見てください。背景の色や円の色相も変えて並べてみました。これを描くために、このうちの1つの円を描くプログラムをファンクションとしてまとめました。

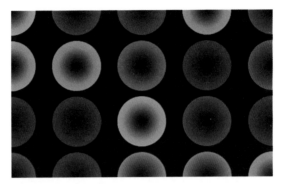

図16-4　色相も変えて描く

```
1    void setup() {
2      size(480, 300);
3      colorMode(HSB, 360, 100, 100);
4      background(0);
5      noStroke();
6      noLoop();
7    }
8
9    void draw() {
10     for (int x=0; x<=width; x+=120) {
11       for (int y=0; y<=height; y+=100) {
12         int H = (int)random(360);
13         ball(x, y, 90, H);
14       }
15     }
16   }
17
18   void ball(int x, int y, int D, int H) {
```

```
19    for (int d=D; d>0; d--) {
20      float B = map(d, 0, D, 0, 100);
21      fill(H, 100, B);
22      ellipse(x, y, d, d);
23    }
24  }
25
26  void keyPressed() {
27    if (key == 'p') {
28      saveFrame("1003b_####.png");
29    }
30  }
```

　ファンクションの名前は、ball()です（18行目）。パラメータは円を描く位置のxとyです。さらに、いちばん外の円の直径のDと色相のHもパラメータとしました。

```
20          float B = map(d, 0, D, 0, 100);
```

　明度のBはだんだん小さくなる円の直径dと関連付けられます。これをmap()で計算しています。

　9行目以降のdraw()では縦横両方向に並べて円を描くために、forループが二重となっています。円の色相Hは360までの範囲でランダムに設定します。13行目のball()でファンクションを呼び出して1つずつ描画します。

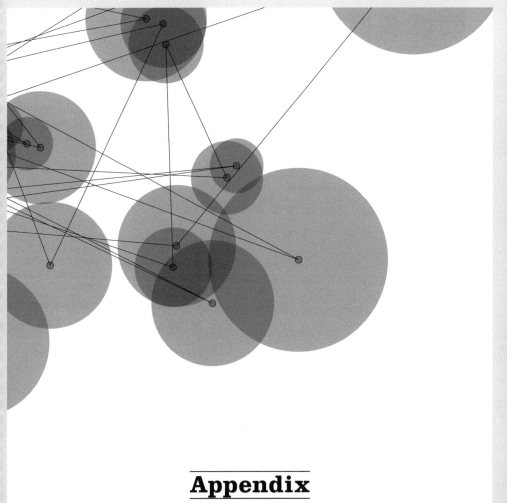

Appendix

付録

Appendix 1
画像を保存する

　ウィンドウに描いた図形をファイルに保存するには、saveFrame()を使います。
saveFrame()は、

```
saveFrame("filename.ext")
saveFrame("filename-####.ext")
```

のように書いて使います。ここで、filenameの部分は自分で決めることができ
るファイル名です。その後ろに####を付け加えるとファイル名のあとにフレーム
番号を付けて保存できます。extの部分は拡張子です。「tif」「tga」「jpg」「png」
の中から選びます。これによって保存されるファイルの形式が違ってきます。例え
ば、図6-2（P.54）を描くプログラムでキーボードの「p」が押されたとき画像が
保存されるようにするなら、次のようにします。

```
1    void setup() {
2      size(480, 120);
3      frameRate(10);
4      fill(0, 10);
5    }
6
7    void draw() {
8      ellipse(mouseX, mouseY, 30, 30);
9    }
10
11   void keyPressed() {
12     if (key == 'p') {
13       saveFrame("example_####.png");
14     }
```

```
15    }
```

試しにプログラムを実行し、その実行中に3回「p」を押してみると、**図A1-1**のようにフレーム番号の付いたpng形式の画像がプログラムコードと同じフォルダに3枚保存されます。

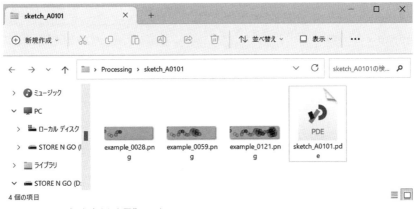

図A1-1 フォルダに保存された画像ファイル

Appendix 2
動画を保存する

　ウィンドウに描かれる図形を動画として保存するにも`saveFrame()`が使えます。Appendix 1と同様、**図6-2**（P.54）で描いた「マウスを追いかける円」を例にやってみましょう。プログラムは次のようなものでした。

```
1    void setup() {
2      size(480, 120);
3      frameRate(10);
4      fill(0, 10);
5    }
6
7    void draw() {
8      ellipse(mouseX, mouseY, 30, 30);
9    }
```

この `draw()` に `saveFrame()` を追加します。

```
7    void draw() {
8      ellipse(mouseX, mouseY, 30, 30);
9      if (frameCount <= 400) {
10       saveFrame("frames/####.tif");
11     }
12   }
```

　`saveFrame()`のパラメータに `"frames/####.tif"`と書いたことで、`frames`という名前のフォルダがつくられ、その中に`####.tif`に対応してフレーム番号がファイル名となり、`tif`形式の画像ファイルが連続的に保存されます。ただし、`if`で`frameCount <= 400`としているために最初のフレームから400

番までだけが保存されます。別のやり方もあります。例えば次のようにするのもいいでしょう。

```
1    boolean record = false;
2
3    void setup() {
4      size(480, 120);
5      frameRate(30);
6      fill(0, 10);
7    }
8
9    void draw() {
10     ellipse(mouseX, mouseY, 30, 30);
11     if (record  == true) {
12       saveFrame("frames/####.tif");
13     }
14   }
15
16   void keyPressed() {
17     if (key == 's') {
18       record = true;
19     } else if (key == 'c') {
20       record = false;
21     }
22   }
```

今度はboolean型の変数recordを用意しておきます。初期設定は false です。saveFrame()が実行されるのはrecordがtrueのときだけです。ですから、はじめは画像が記録されません。キーボードのどれかが押され、それがsだったとき、recordがtrueになり、記録が開始されてframesフォルダにtif形式のファイルがたまっていきます。キーボードで、また何かが押され、それがcだったらrecordはfalseに戻って、記録は終了します。

たまったファイルを動画に変換するには、メニューバーの「ツール(Tools)」にある「ムービーメーカー(Movie Maker)」を使います。図A2-1のようにこれをクリックすると、図A2-2のダイアログボックスが現れます。2つある「選択(Choose)」ボタンの上のほう、画像ファイルを指定するための「選択(Choose)」ボタンをクリックして、指定したいフォルダ(この例では、frames)を選択します。画像の入ったフォルダをマウスでドラッグ&ドロップするのが便利です。音声フォルダも指定できますが、ここでは動画だけにします。「動画を作成(Create movie)」ボタンをクリックすると動画の作成が開始されます。図A2-3のようにファイル名と保存先を指定して、「保存(Save)」をクリックします。図A2-4のようにメディアプレーヤーなどで再生できる.mp4という拡張子の付いた動画ファイルができています。

図A2-1　画像ファイルを動画に変換

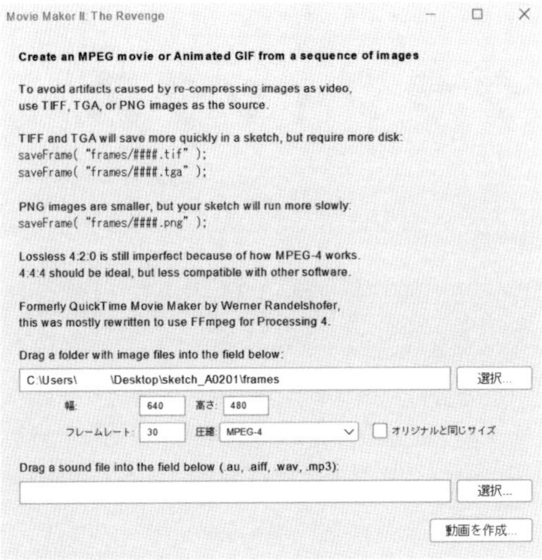

図A2-2　動画に変換するファイルを選択

図A2-3　動画の保存先を指定

![フォルダに保存された動画ファイル]

図A2-4　フォルダに保存された動画ファイル

Appendix 3
三次元グラフィックス

Processingでは、三次元座標系（**図A3-1**）も用意されています。これを使って立体的な図形を描くことも比較的簡単にできます。三次元にするためには、まず`size()`の指定でP3Dを追加します。`setup()`でこの設定を行ってから、試しに立方体を描いてみましょう。立方体を描くには`box()`を使います。パラメータは辺の長さです。以下のプログラムでは、100としました。実行すると**図A3-2**のようになります。

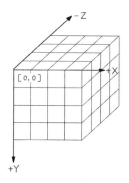

図A3-1　三次元座標系

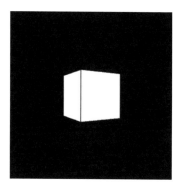

図A3-2　立方体

```
1    float a = radians(30);
2
3    void setup() {
4      size(400, 400, P3D);
5    }
6
7    void draw() {
8      background(0);
9      translate(200, 200, 0);
10     rotateY(a);
```

```
11    box(100);
12  }
```

draw()の最後にa += radians(2)を追加してみましょう。つまり、draw()
を1回実行するたびにaの値が2°増加するのです。rotateY()はy軸の周りに回
転するためのファンクションですから、立方体が回転をはじめるでしょう。

```
7   void draw() {
8     background(0);
9     translate(200, 200, 0);
10    rotateY(a);
11    box(100);
12    a += radians(2);
13  }
```

立方体の見え方を設定するために、カメラの位置を変更してみます。このために
は、Processingのファンクションcamera()を使います。camera()には9つ
のパラメータがあって、最初の3つは視点の位置を eyeX、eyeY、eyeZの順に、
次の3つは注目する位置をcenterX、centerY、centerZの順に、最後の3つはカ
メラの傾きをベクトルの成分upX、upY、upZの順に並べて指定します（図A3-3）。
ここでは、視点の位置を(mouseX, mouseY, 300)、注目する位置を(200,
200, 0)、カメラの傾きを(0, 1, 0)としました。

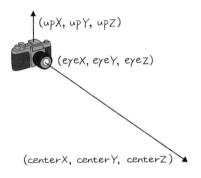

図A3-3 カメラの位置と向きを決めるパラメータ

```
7    void draw() {
8      background(0);
9      camera(mouseX, mouseY, 300, 200, 200, 0, 0, 1, 0);
10     translate(200, 200, 0);
11     rotateY(a);
12     box(100);
13     a += radians(2);
14   }
```

マウスをウィンドウ上で移動してみます。す
るとカメラの視点が変化して、さまざまな角
度から立方体を眺めることができます。

最後に照明を試してみましょう。ここでは、
directionalLight()を使いました。6つ
あるパラメータのはじめの3つは色の指定で
す。RGBで指定できます。残りの3つは光の
方向をx、y、zの成分で指定します。この例では、
2つのライトを使っています。1つは、赤み
がかった光で、(1, 1, 1)の方向に、もう1
つは青みがかった光で(-1, -1, -1)の方向
に照らします。結果は図A3-4のようになります。

図A3-4　照明の効果

```
7    void draw() {
8      background(120);
9      camera(mouseX, mouseY, 300, 200, 200, 0, 0, 1, 0);
10     directionalLight(255, 0, 0, 1, 1, 1);
11     directionalLight(250, 250, 20, -1, -1, -1);
12     translate(200, 200, 0);
13     rotateY(a);
14     box(100);
15     a += radians(2);
16   }
```

Appendix 4
リファレンス

　Processingについてもっと知るには、ヘルプ（Help）がとても役立ちます。「processing.org にアクセスする（Visit processing.org）」には参考になるサンプルやその他の情報がたくさん集められています。また、「リファレンス（Reference）」にはコードの書き方が分類ごとに掲載されていますから、困ったときに大変役立ちます。ここでは、リファレンスの読み方を見てみましょう。

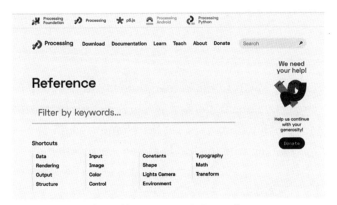

図A4-1　Reference（https://processing.org/reference/）

　メニューバーにある「ヘルプ（Help）」の「リファレンス（Reference）」をクリックすると**図A4-1**のようにリストが表示されます。これらは、項目ごとに分類されているので、知りたい項目を探すのに便利です。Shape（形状）をクリックして2D Primitivesから`ellipse()`を見てみましょう（**図A4-2**）。
　まず、Nameという項目がありますね。これはもちろんファンクションの名前です。Examplesという項目があります。書き方の例です。Descriptionには、ファンクションの説明が書いてあります。残念ながら英語ですが、そんなに難しい英語ではないようですし、書き方もワンパターンですから、慣れれば読みやすくなると思います。

図A4-2　ellipse( )（https://processing.org/reference/ellipse_.html）

　ちなみに、この例では、

"Draws an ellipse (oval) to the screen. An ellipse with equal width and height is a circle. By default, the first two parameters set the location, and the third and fourth parameters set the shape's width and height. The origin may be changed with the `ellipseMode()` function."

となっています。日本語にしてみると、

「画面に楕円を描画します。 幅と高さが等しい楕円は円です。 デフォルトでは、最初の2つのパラメータが位置を設定し、3番目と4番目のパラメータが形状の幅と高さを設定します。 原点は`ellipseMode()`ファンクションで変更できます。」

という感じです。次にSyntaxがあります。構文という意味です。プログラムを書くときのフォーマットです。そこに出てくるパラメータの説明が次のParametersに続きます。Returnsには戻り値が示されています。この例ではvoid、すなわち何も戻ってこないことがわかります。最後のRelatedは関係の深いファンクションが示されています。この例では、`ellipseMode()`と`arc()`です。

Appendix 5

三角関数 sin(サイン)とcos(コサイン)

　三角関数と呼ばれるいくつかの関数のうちで、sinとcosはさまざまな分野で最も頻繁に使われる関数の一つです。この本の中でも何度も登場しています。これらは角の大きさと線分の長さの関係を示すものです。図A5-1のような直角三角形ABCにおいて∠Aの大きさをθ、それぞれの辺の長さを AB = x、BC = y、CA = r とすると sin θ と cos θ は次のように定義されます。

$$\cos \theta = \frac{x}{r}$$

$$\sin \theta = \frac{y}{r}$$

　本文中のプログラムでは、角度θと斜辺の長さrがわかっているときに水平方向の長さxと鉛直方向の長さyを計算するというところが何度もあります。これらxとyはそれぞれ点のx座標とy座標、あるいは線分のx方向長さとy方向長さを意味しています。上に示した関係式からxとyは次のように計算できるのです。

$$x = r \cdot \cos \theta$$
$$y = r \cdot \sin \theta$$

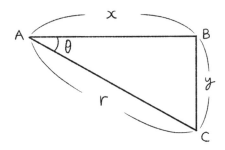

図A5-1　直角三角形の角度と辺の長さ

練習の解答例

練習1-1
```
background(32);
```

練習2-1
```
size(600, 400);
background(0);
```

練習3-1
```
size(240, 120);
point(120, 60);
point(0, 0);
point(239, 0);
point(0, 119);
point(239, 119);
```

練習3-2
```
size(480, 120);
line(420, 100, 20, 50);
```

練習3-3
```
size(480, 120);
rect(300, 40, 150, 40);
rect(30, 40, 150, 40);
```

練習3-4
```
size(480, 120);
arc(40, 60, 100, 100, 0, radians(90));
arc(160, 60, 100, 100, radians(90), radians(180));
arc(280, 60, 100, 100, radians(180), radians(270));
arc(400, 60, 100, 100, radians(270), radians(360));
```

練習3-5
```
size(480,120);
noStroke();
background(128);
fill(16);
ellipse(180, 0, 120, 120);
fill(64);
```

```
ellipse(300, 60, 50, 50);
fill(255);
ellipse(240, 60, 120, 120);
fill(200);
ellipse(200, 85, 70, 70);
```

練習5-1
```
int apple, banana, basket;
apple = 152;
banana = 300;
basket = apple + banana;
println(apple, banana, basket);
```

練習5-2
```
String a, b, c;
a = "class";
b = "room";
c = a + b;
println(c);
```

練習5-3
```
size(400, 600);
println(width, height);
```

練習5-4
```
size(600, 150);
for (int x=0; x<=width; x=x+30) {
  ellipse(x, 75, 20, 20);
}
```

練習5-5
```
size(600, 300);
for (int x=0; x<=width; x=x+30) {
  for (int y=0; y<=height; y=y+20) {
    ellipse(x, y, 20, 20);
  }
}
```

練習5-6
```
int[] box = new int[30];
for (int i=0; i<30; i++) {
  box[i] = i*3;
}
```

```
  println(box[25]);
```

```
float posx, speedx;

void setup() {
  size(480, 120);
  posx = 480;
  speedx = -5;
}

void draw() {
  background(128);
  ellipse(posx, 60, 50, 50);
  posx = posx + speedx;
}
```

```
float posx, posy, speedx, speedy;

void setup() {
  size(480, 480);
  posx = 0;
  posy = 0;
  speedx = 5;
  speedy = 5;
}

void draw() {
  background(128);
  ellipse(posx, posy, 50, 50);
  posx = posx + speedx;
  posy = posy + speedy;
}
```

```
void setup() {
  size(480, 120);
  fill(255, 0, 0, 50);
}

void draw() {
  float d = dist(mouseX, mouseY, pmouseX, pmouseY);
```

```
    ellipse(mouseX, mouseY, d, d);
  }
```

練習6-4
```
  void setup() {
    size(480, 120);
  }

  void draw() {
    if (mouseX < 240) {
      fill(255, 0, 0);
    } else {
      fill(0, 255, 0);
    }
    ellipse(mouseX, mouseY, 100, 100);
  }
```

練習6-5
```
  void setup() {
    size(480, 120);
    noStroke();
  }

  void draw() {
    if (mousePressed == true) {
      fill(255, 0, 0);
    } else {
      fill(255);
    }
    ellipse(240, 60, 100, 100);
  }
```

練習6-6
```
  void setup() {
    size(480, 120);
    noStroke();
  }

  void draw() {
    background(255);
    if (keyPressed == true) {
      if (key == 'r') {
        fill(255, 0, 0);
```

```
      } else if (key == 'g') {
        fill(0, 255, 0);
      } else if (key == 'b') {
        fill(0, 0, 255);
      }
    } else {
      fill(128);
    }
    ellipse(mouseX, mouseY, 100, 100);
  }
```

練習6-7

```
  void setup() {
    size(480, 120);
    PFont font;
    font = loadFont("Phosphate-Inline-48.vlw");
    textFont(font);
    textAlign(CENTER);
  }

  void draw() {
    fill(random(255), random(255), random(255));
    text("A", mouseX, mouseY);
  }
```

練習6-8

```
  void setup() {
    size(480, 120);
  }

  void draw() {
    float x = random(width);
    float y = random(height);
    float a = radians(random(360));
    pushMatrix();
    translate(x, y);
    rotate(a);
    rect(0, 0, 50, 25);
    popMatrix();
  }
```

練習6-9

```
  size(240, 240);
```

```
rectMode(CENTER);
translate(120, 120);
int a = 100;
for (int i=0; i<12; i++) {
  rect(0, 0, a, a);
  rotate(radians(15));
  a = a - 5;
}
```

練習7-1

```
void setup() {
  size(400, 400);
}

void draw() {
  triCircle(200, 200, 100);
}

void triCircle(float x, float y, float d) {
  ellipse(x, y, d, d);
  ellipse(x, y, d*0.8, d*0.8);
  ellipse(x, y, d*0.5, d*0.5);
}
```

練習7-2

```
float area(float a, float b) {
  float s = a * b;
  return s;
}

void setup() {
  float o = area(10.5, 6.0);
  float p = area(21.3, 8.6);
  float q = area(3.5, 21.4);

  float total = o + p + q;
  println(total);
}
```

練習8-1

```
int n = 100;
Clockhands[] a = new Clockhands[n];
```

```
void setup() {
  size(600, 600);
  for (int i=0; i<n; i++) {
    int l = int(random(5, 100));
    int w = int(random(10, 50));
    float s = radians(random(3));
    int x = int(random(width));
    int y = int(random(height));
    color c = color(random(255), random(255), random(255));
    a[i] = new Clockhands(l, w, s, x, y, c);
  }
}

void draw( ) {
  fill(0, 100);
  noStroke();
  rect(0, 0, 600, 600);
  for (int i=0; i<n; i++) {
  a[i].update();
  a[i].show();
  }
}

class Clockhands{
  int len;
  int weight;
  float angle;
  float speed;
  int posx, posy;
  color clr;

  Clockhands(int l, int w, float s, int x, int y, color c) {
    len = l;
    weight = w;
    angle = 0.0;
    speed = s;
    posx = x;
    posy = y;
    clr = c;
  }

  void update() {
    angle = angle + speed;
```

```
    }

    void show() {
      pushMatrix();
      stroke(clr);
      strokeWeight(weight);
      translate(posx, posy);
      rotate(angle);
      line(0, 0, len, 0);
      popMatrix();
    }
  }
```

練習9-1

```
  void setup() {
    size(480, 300);
    background(255);
    stroke(0, 255, 0);
    strokeWeight(5);
  }

  void draw() {
    float x = random(width);
    float y = random(height);
    point(x, y);
  }

  void keyPressed() {
    if (key == 'p') {
      saveFrame("0901_####.png");
    }
  }
```

＊saveFrame()のかっこの中は保存ファイルの名前です。この解答例で0901_とした部分は任意に決めてかまいません（本書の解答例では、練習番号に合わせました）。####を付けると、そこにフレーム番号が追加されます。最後の.pngはファイル形式です。

練習9-2

```
  void setup() {
    size(480, 300);
    background(255);
    stroke(0, 255, 0);
    strokeWeight(5);
```

```
  }

  void draw() {
    float x = random(width);
    float y = random(height);
    stroke(random(255), random(255), random(255));
    point(x, y);
  }

  void keyPressed() {
    if (key == 'p') {
      saveFrame("0902_####.png");
    }
  }
```

練習9-3
```
  void setup() {
    size(480, 300);
    background(255);
    strokeWeight(5);
  }

  void draw() {
    translate(width/2, height/2);
    float x = randomGaussian() * 50;
    float y = randomGaussian() * 50;
    point(x, y);
  }

  void keyPressed() {
    if (key == 'p') {
      saveFrame("0903_####.png");
    }
  }
```

練習9-4
```
  void setup() {
    size(480, 300);
    background(255);
    strokeWeight(2);
    noLoop();
  }
```

```
void draw() {
  for (int y=0; y<=height; y=y+5) {
    point(240, y);
  }
}

void keyPressed() {
  if (key == 'p') {
    saveFrame("0904_####.png");
  }
}
```

練習9-5

```
void setup() {
  size(480, 300);
  background(255);
  strokeWeight(1);
  noLoop();
}

void draw() {
  for (int y=0; y<=height; y=y+5) {
    for (int x=0; x<=width; x=x+5) {
      point(x, y);
    }
  }
}

void keyPressed() {
  if (key == 'p') {
    saveFrame("0905_####.png");
  }
}
```

練習9-6

```
void setup() {
  size(480, 300);
  background(255);
  strokeWeight(1);
  noLoop();
}

void draw() {
```

```
    for (int y=0; y<=height; y=y+5) {
      for (int x=0; x<=width; x=x+10) {
        point(x, y);
      }
    }
  }

  void keyPressed() {
    if (key == 'p') {
      saveFrame("0906_####.png");
    }
  }
```

練習9-7

```
  float r = 1;
  float t = 0;
  float dr = 1;
  float dt = radians(7.5);

  void setup() {
    size(480, 300);
    background(255);
    strokeWeight(2);
  }

  void draw() {
    translate(width/2, height/2);
    float x = r * cos(t);
    float y = r * sin(t);
    point(x, y);
    r = r + dr;
    t = t - dt;
  }

  void keyPressed() {
    if (key == 'p') {
      saveFrame("0907_####.png");
    }
  }
```

練習9-8

```
  void setup() {
    size(480, 300);
```

```
    background(255);
}

void draw() {
}

void mouseClicked() {
    float w = random(5, 50);
    strokeWeight(w);
    point(mouseX, mouseY);
}

void keyPressed() {
    if (key == 'p') {
        saveFrame("0908_####.png");
    }
}
```

練習10-1
```
  void setup() {
    size(480, 300);
    background(255);
    noLoop();
  }

  void draw() {
    vLines2(40, 40, 440, 260, 60, 3);
  }

  void vLines2(float x0, float y0, float x1, float y1, int n,
               float w) {
    strokeWeight(w);
    float dx = (x1 - x0) / n;
    for (int i=0; i<n; i++) {
      float xs = x0 + dx*i;
      float ys = y0;
      float xe = xs;
      float ye = y1;
      line(xs, ys, xe, ye);
    }
  }

  void keyPressed() {
```

```
    if (key == 'p') {
      saveFrame("1001_####.png");
    }
  }
```

練習10-2

```
  void setup() {
    size(480, 300);
    background(255);
    noLoop();
  }

  void draw() {
    xLines(40, 40, 440, 260, 30, 40);
  }

  void xLines(float x0, float y0, float x1, float y1, int m, int n) {
    float dx = (x1 - x0) / m;
    float dy = (y1 - y0) / n;
    for (int i=0; i<=m; i++) {
      float xs = x0 + dx*i;
      float ys = y0;
      float xe = xs;
      float ye = y1;
      line(xs, ys, xe, ye);
    }
    for (int j=0; j<=n; j++) {
      float xs = x0;
      float ys = y0 + j*dy;
      float xe = x1;
      float ye = ys;
      line(xs, ys, xe, ye);
    }
  }
  void keyPressed() {
    if (key == 'p') {
      saveFrame("1002_####.png");
    }
  }
```

練習10-3

```
  void setup() {
    size(480, 300);
```

```
    background(255);
    noLoop();
  }

  void draw() {
    translate(240, 150);
    hLines2(-190, -100, 190, 100, 20, 0);
    hLines2(-190, -100, 190, 100, 20, 30);
  }

  void hLines2(float x0, float y0, float x1, float y1, int n,
              float f) {
    float dy = (y1 - y0) / n;
    pushMatrix();
    rotate(radians(f));
    for (int i=0; i<=n; i++) {
      float xs = x0;
      float ys = y0 + i*dy;
      float xe = x1;
      float ye = ys;
      line(xs, ys, xe, ye);
    }
    popMatrix();
  }
  void keyPressed() {
    if (key == 'p') {
      saveFrame("1003_####.png");
    }
  }
```

練習10-4

```
  void setup() {
    size(480, 300);
    background(255);
    noLoop();
  }

  void draw() {
    shakeLine(50, 50, 430, 50, 10, 100);
    shakeLine(430, 50, 430, 250, 10, 100);
    shakeLine(430, 250, 50, 250, 10, 100);
    shakeLine(50, 250, 50, 50, 10, 100);
  }
```

```
void shakeLine(float x0, float y0, float x1, float y1, float b,
               int n) {
  float dx = (x1-x0) / n;
  float dy = (y1-y0) / n;
  float xa = x0;
  float ya = y0;
  for (int i=1; i<=n; i++) {
    float u = random(-b, b);
    float v = random(-b, b);
    float xb = x0 + dx*i + u;
    float yb = y0 + dy*i + v;
    line(xa, ya, xb, yb);
    xa = xb;
    ya = yb;
  }
}

void keyPressed() {
  if(key == 'p') {
saveFrame("1004_####.png");
  }
}
```

練習11-1
```
void setup() {
  size(480, 300);
  background(255);
}

void draw() {
}

void point_and_line(float x, float y) {
  float x0 = x;
  float y0 = y;
  float x1 = x + random(-100, 100);;
  float y1 = y;
  strokeWeight(6);
  fill(0);
  ellipse(x0, y0, 10, 10);
  line(x0, y0, x1, y1);
}
```

```
void mousePressed() {
  point_and_line(mouseX, mouseY);
}

void keyPressed() {
  if (key == 'p') {
    saveFrame("1101_####.png");
  }
}
```

練習11-2
```
void setup() {
  size(480, 300);
  background(255);
}

void draw() {
}

void firework(float x0, float y0, float R) {
  fill(0);
  ellipse(x0, y0, 6, 6);
  for (int i=0; i<21; i++) {
    float t = radians(random(0, 360));
    float r = random(R);
    float x = x0 + r*cos(t);
    float y = y0 + r*sin(t);
    fill(random(255), random(255), random(255));
    ellipse(x, y, 6, 6);
    line(x, y, x0, y0);
  }
}

void mousePressed() {
  firework(mouseX, mouseY, 100);
}

void keyPressed() {
  if (key == 'p') {
    saveFrame("1102_####.png");
  }
}
```

```
void setup() {
  size(480, 300);
  background(255);
}

void draw() {
}

void arc(float x, float y, float R) {
  strokeWeight(1);
  fill(0, 255, 0, 64);
  float r = random(R);
  float t0 = radians(random(0, 360));
  float t1 = t0 + radians(random(90, 180));
  arc(x, y, r*2, r*2, t0, t1);
}

void mousePressed() {
  arc(mouseX, mouseY, 100);
}

void keyPressed() {
  if (key == 'p') {
    saveFrame("1201_####.png");
  }
}
```

練習12-2

```
void setup() {
  size(480, 300);
  background(255);
}

void draw() {
}

void sinCurve(float x0, float y0, float a, int n) {
  float xp = x0;
  float yp = y0;
  for (int x=0; x<=360; x++) {
    float rad = radians(n*x);
    float xc = x0 + x;
```

```
      float yc = y0 + a * sin(rad);
      line(xp, yp, xc, yc);
      xp = xc;
      yp = yc;
    }
}


void mousePressed() {
  sinCurve(mouseX, mouseY, 15, 6);
}


void keyPressed() {
  if (key == 'p') {
    saveFrame("1202_####.png");
  }
}
```

練習12-3

```
float[] Xp = {32, 80, 128, 200, 240, 272, 320, 368, 448, 450};
float[] Yp = {130, 160, 105, 180, 100, 165, 100, 180, 120, 160};

void setup() {
  size(480, 300);
  background(255);
  noLoop();
  for (int i=0; i<10; i++) {
    ellipse(Xp[i], Yp[i], 8, 8);
  }
}


void draw() {
  noFill();
  curve(Xp[0], Yp[0], Xp[0], Yp[0], Xp[1], Yp[1], Xp[2], Yp[2]);
  curve(Xp[0], Yp[0], Xp[1], Yp[1], Xp[2], Yp[2], Xp[3], Yp[3]);
  curve(Xp[1], Yp[1], Xp[2], Yp[2], Xp[3], Yp[3], Xp[4], Yp[4]);
  curve(Xp[2], Yp[2], Xp[3], Yp[3], Xp[4], Yp[4], Xp[5], Yp[5]);
  curve(Xp[3], Yp[3], Xp[4], Yp[4], Xp[5], Yp[5], Xp[6], Yp[6]);
  curve(Xp[4], Yp[4], Xp[5], Yp[5], Xp[6], Yp[6], Xp[7], Yp[7]);
  curve(Xp[5], Yp[5], Xp[6], Yp[6], Xp[7], Yp[7], Xp[8], Yp[8]);
  curve(Xp[6], Yp[6], Xp[7], Yp[7], Xp[8], Yp[8], Xp[9], Yp[9]);
  curve(Xp[7], Yp[7], Xp[8], Yp[8], Xp[9], Yp[9], Xp[9], Yp[9]);
}
```

```
void keyPressed() {
  if (key == 'p') {
    saveFrame("1203_####.png");
  }
}
```

練習13-1

```
void setup() {
  size(480, 300);
  background(255);
  fill(0, 10);
  noStroke();
}

void draw() {
  float x = random(width);
  float y = random(height);
  ellipse(x, y, 100, 100);
}

void keyPressed() {
  if (key == 'p') {
    saveFrame("1301_####.png");
  }
}
```

練習13-2

```
void setup() {
  size(480, 300);
  background(255);
  noFill();
  frameRate(10);
}

void draw() {
  float x = mouseX;
  float y = mouseY;
  noConcentric(x, y);
}

void noConcentric(float x, float y) {
  for (int r=50; r<100; r+=10) {
    ellipse(x+random(-2, 2), y+random(-2, 2), r, r);
```

```
    }
  }

  void keyPressed() {
    if (key == 'p') {
      saveFrame("1302_####.png");
    }
  }
```

練習13-3
```
  void setup() {
    size(480, 300);
  }

  void draw() {
  }

  void caterpillar(float x, float y, float d) {
    noStroke();
    fill(255, 100);
    float t = radians(random(360));
    for (int i=0; i<100; i++) {
      ellipse(x, y, d, d);
      t = t + radians(random(360));
      x = x + d*cos(t);
      y = y + d*sin(t);
      d = d * 0.99;
    }
  }

  void  mousePressed() {
    caterpillar(mouseX, mouseY, 20);
  }

  void keyPressed() {
    if (key == 'p') {
      saveFrame("1303_####.png");
    }
  }
```

練習14-1
```
  void setup() {
    size(480, 300);
```

```
    background(0);
    noLoop();
    rectMode(CENTER);
}

void draw() {
    for (int y=0; y<=height; y+=20) {
        for (int x=0; x<=width; x+=20) {
            float dx = random(-2, 2);
            float dy = random(-2, 2);
            float ds = random(-4, 4);
            rect(x+dx, y+dy, 18+ds, 18+ds);
        }
    }
}

void keyPressed() {
    if (key == 'p') {
        saveFrame("1401_####.png");
    }
}
```

練習14-2
```
void setup() {
    size(480, 300);
    background(0);
    noLoop();
    rectMode(CENTER);
}

void draw() {
    for (int y=0; y<=height; y+=20) {
        for (int x=0; x<=width; x+=20) {
            float dx = random(-2, 2);
            float dy = random(-2, 2);
            float ds = radians(random(-7.5, 7.5));
            pushMatrix();
            translate(x+dx, y+dy);
            rotate(ds);
            rect(0, 0, 18, 18);
            popMatrix();
        }
    }
```

```
  }

  void keyPressed() {
    if (key == 'p') {
      saveFrame("1402_####.png");
    }
  }
```

```
  int[] dx = {0, 1, -1, 0};
  int[] dy = {1, 0, 0, -1};

  void setup() {
    size(480, 300);
    background(255);
    noLoop();
  }

  void draw() {
    walk(width/2, height/2, 5, 20000);
  }

  void walk(float x, float y, float r, int n) {
    float x0 = x;
    float y0 = y;
    int k = 0;
    for (int i=0; i<n; i++) {
      float e = random(4);
      if (e<=1) {
        k = 0;
        println(k);
      } else if (e<=2) {
        k = 1;
        println(k);
      } else if (e<=3) {
        k = 2;
        println(k);
      } else if (e<=4) {
        k = 3;
        println(k);
      }
      float x1 = x0 + dx[k]*r;
      float y1 = y0 + dy[k]*r;
```

```
    line(x0, y0, x1, y1);
    x0 = x1;
    y0 = y1;
  }
}

void keyPressed() {
  if (key == 'p') {
    saveFrame("1501_####.png");
  }
}
```

練習16-1

```
void setup() {
  size(480, 300);
  colorMode(HSB, 360, 100, 100);
  noLoop();
  noStroke();
}

void draw() {
  for (int x=0; x<=width; x++) {
    int S = (int)map(x, 0, width, 0, 100);
    stroke(0, S, 100);
    line(x, 0, x, height);
  }
}

void keyPressed() {
  if (key == 'p') {
    saveFrame("1601_####.png");
  }
}
```

＊map()でつくられるデータは、float型ですが、左辺のSは整数型です。そのために(int)と書いて、float型からint型に変換しておく必要があります。

Index

著者紹介

三井和男（みつい・かずお）

日本大学特任教授、創造的教育支援機構STEAM&P代表理事

1977年、日本大学生産工学部数理工学科卒業。1979年、日本大学大学院生産工学研究科博士前期課程建築工学専攻修了。博士（工学）。2009年、日本大学教授（日本大学生産工学部創生デザイン学科）。2020年より現職。

著書：『Rhinoceros × Python コンピュテーショナル・デザイン入門』（彰国社）、『新Excel コンピュータシミュレーション』（森北出版）、『アルゴリズミック・デザイン』（共著、日本建築学会編、鹿島出版会）、『Excel コンピュータシミュレーション』（森北出版）、『発見的最適化手法による構造のフォルムとシステム』（共著、コロナ社）ほか。

Processing ではじめるビジュアル・デザイン入門
直感と論理をきたえるプログラミング

2023年7月10日 第1版 発行

著　者	三	井	和	男	
発行者	下	出	雅	徳	
発行所	株 式 会 社 彰 国 社				

著作権者との協定により検印省略

自然科学書協会会員
工学書協会会員

162-0067 東京都新宿区富久町8-21
電　話 03-3359-3231(大代表)
振替口座 00160-2-173401

Printed in Japan

印刷：三美印刷　製本：中尾製本

ISBN 978-4-395-32194-0　C3055　https://www.shokokusha.co.jp